瞳趣集

妈咪亲手钩的
小公主毛衣

Mom's Hand-knitting little Princess sweater

编织人生 瞳娘 著

辽宁科学技术出版社

沈阳

U0666829

作者名单

夏敏芳　朱海燕　徐　玲　邰海峰　金　凯　朱　健　邹小龙　张海侠　蔡春红
惠　科　钱晓伟　刘　香　杜晓峰　顾　玲　江远君　马桂花　黄雪萍　张　敏
张　婷　幽　若　龚莉莉　小　凡　羽　柔　陈　星　韩金燕　骆　艳

图书在版编目（CIP）数据

瞳趣集：妈咪亲手钩的小公主毛衣 / 编织人生瞳娘著.
—沈阳：辽宁科学技术出版社，2015.3
　　ISBN 978-7-5381-9005-2

　　Ⅰ . ①瞳…　Ⅱ . ①编…　②瞳…　Ⅲ . ①女服—童服—
毛衣—编织—图集　Ⅳ . ①TS941.763.1-64

中国版本图书馆CIP数据核字（2015）第020912号

出版发行：辽宁科学技术出版社
　　　　　（地址：沈阳市和平区十一纬路29号　邮编：110003）
印　刷　者：辽宁泰阳广告彩色印刷有限公司
经　销　者：各地新华书店
幅面尺寸：210mm×285mm
印　　张：11.75
字　　数：200千字
印　　数：1~4000
出版时间：2015 年 3 月第 1 版
印刷时间：2015 年 3 月第 1 次印刷
责任编辑：赵敏超
封面设计：小　暖
版式设计：颖　溢
责任校对：李淑敏

书　　号：ISBN 978-7-5381-9005-2
定　　价：36.80元

投稿热线：024-23284367　473074036@qq.com
邮购热线：024-23284502
http://www.lnkj.com.cn

目录 CONTENTS

做法
p073～076

朱影

　　蕾丝线钩成的中袖A摆裙，简约且大方。妈妈细心地加上了同色的棉布内衬，让它**实用**加倍，这样的裙子不管是**直接外穿**，还是作为基础款**秋冬打底**，都是非常不错的选择。

做法
p077~078

粉格格

　　粉嫩的拼花让小·女孩的可爱**气质**散发开来，加上**蓬蓬裙**，真的是很**可爱**呢。

做法
p073~076

朱影

　　蕾丝线钩成的中袖A摆裙，简约且大方。妈妈细心地加上了同色的棉布内衬，让它**实用**加倍，这样的裙子不管是**直接外穿**，还是作为基础款**秋冬打底**，都是非常不错的选择。

做法
p077~078

粉格格

粉嫩的拼花让小女孩的可爱
气质散发开来，加上蓬蓬裙，
真的是很可爱呢。

不规则上衣

做法
p079～080

娇嫩的颜色，不规则的背心款，让人**爱不释手**。桑蚕丝150g就能搞定了，动手为**宝贝**来一件吧。

圆舞曲

做法
p081～082

简单**背心款**，平铺就像一个大大的**圆形**，花样比较密实，早春或者初秋**外搭**在长T恤上也很不错哦！

做法
p083~085

裙摆摇摇

裙摆飘飘，**裙摆摇摇**，狗儿、蝴蝶追逐嬉闹，白云、小·草点头微笑，**甜甜的笑容**，美妙的歌谣，汇在一起缠绕，缠绕……

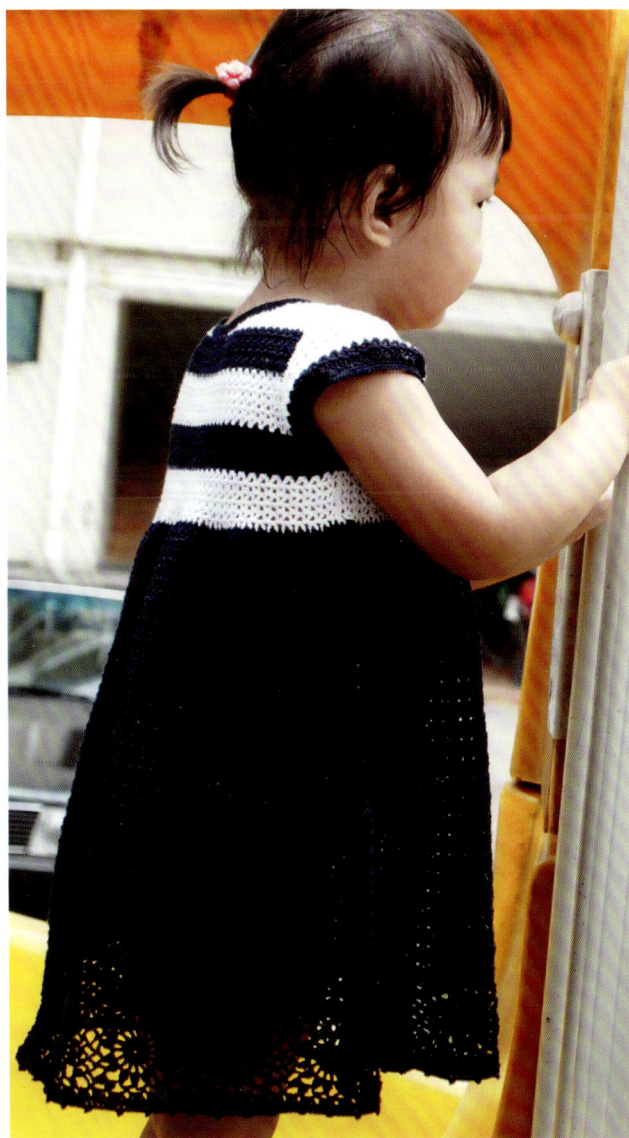

飞袖背心

做法 p086~088

可爱的飞袖背心，春秋季出门可以套一下，非常**实用**，**双排扣**的设计让衣服看起来很有**质感**。

做法
p089

大气黑马甲

带豆豆的**松树纱**，编织完毕很有皮草的感觉，小·**奢华风**走起。

做法
p090~092

红树莓

简约款，照图钩，简单易学，搭配白色吊带，像春日暖阳般温馨舒适。

做法
p093～095

叠霞

细细的段染线钩成的清凉小吊带，

前胸的**叠层**是个亮点，段染线的颜色

使之看起来更有**层次感**。

做法
p096~097

拼花小背心

夏季最实用**百搭**的小·背心，做成**亲子款**也不错哦。在吊带衫外面搭配真是点睛之笔哦！

做法
p098~100

姜黄开叉毛衣

简约的款式动点小心思就非常赞了哦，下摆开叉，加上暖融融的口袋，真是让人爱不释手呢。

梨花调

做法
p103～106

棉线编织的长袖款，**看似简单**，背后却小·有心思，大大的圆弧形成**自然**的下摆开口，非常有**创意**哦。

做法 p107~110

紫瞳

娃娃款的中袖衣，对稍微胖一点的宝宝来说非常实用，可爱又能藏肉，不似贴身毛衣包裹的前凸后翘，此款上身效果比较可爱大气。

千千结

做法
p115～118

选择羊毛线保证**保暖性**，钩针也可以让衣服很**保暖实用**。密实的针法让整件衣服看起来**温暖大气**。

做法
p119~121

蓝色中长外套

双排扣中长款外套，也是非常适合做**亲子装**的一款，实用简单，新手学会看图解也可以**轻易上手**哦。

做法
p122～123

槐花季

1.0mm的细针，钩织出来的效果非常**细腻精致**，让人**过目难忘**。

Hold不住的亲们可以选择略粗的针号织一件**时尚成人款**也不错。

做法
p124～126

露珠

下摆**弧形**造型，全身**洞洞款**，清凉舒适，白色的钩针衫是夏季绝对必不可少的**百搭**款啊。

做法
p127～128

彩虹毛衣

马海毛**天然蓬松**的特性，给
衣服无敌的**暖感**，常规的款式选择
染线编织，会有别样的惊喜。

做法
p129~131

咖啡豆

颜色看起来是不怎么讨喜，但上身效果非常棒，**很高档**。前开口让手臂基本可以活动自如，吃吃喝喝，玩玩乐乐完全没问题。

做法
p132～135

若芙

清新雅致的**淡黄色外套**，实用百
搭，是春秋季节里的**必备单品**。出门的
时候带上一件，是不是冷热都不怕了呢。

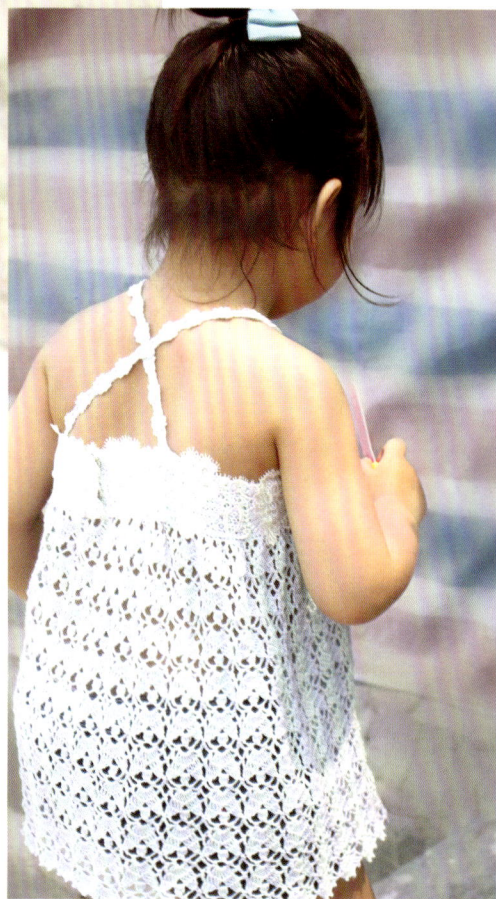

青青蝶舞

做法 p136

简单可爱的抹胸小·吊带夏季**出镜率**非常高，后背细心的肩带**交叉设计**，有效地防止肩带脱落的尴尬，让小·美女更**自由欢快**地玩耍。

做法
p137~138

天使

简单的**塔塔式**小·吊带，在背后有细腻的设计，加上一对**小·翅膀**，是不是更惹人怜爱呢？

做法
p139～141

撞色娃娃上衣

谁说红配绿一定是老气的代名词，撞色用起来，绿色正身，红色钩领**点缀**，清新的如同**炎炎夏日**的一块西瓜，再赞不过了。

做法
p142～144

珍珠木耳

木耳边让整件衣服看起来很仙哦，圆领加珍珠，**可爱**又漂亮，这款可以做亲子款哦，和宝贝一起**美美**地出门吧！

做法
p145

娇俏白马甲

蝴蝶结小马甲，很**温暖**很**百搭**，带豆豆的松树纱两股用起来，200g就能完成哦。

做法
p146～147

童谣

　　扇形花样的背带裙看起来很**大气从容**，这条小裙子告诉我们：**棕咖啡色**运用得好也很出彩哦！建议选择稍硬一点的线材编织，出来的效果比较有型。

罗兰椒

做法
p148～149

谁说钩针一定是满身镂空不实用的？利用不同的针法，钩针的衣服也能似棒针款**实用大方**，且却更好看哦！

海藻

做法 p150 ~ 151

厚实又宽松的外套，**保暖**性极佳，这种宽松款放大做亲子装也是很合适的。想打造**潮宝**的妈咪，这款可以来一件哦。

仙野蔷薇

做法
p152～154

可爱的**小·飞袖款**，本来设计时是想两面穿的，一面v领一面圆领，但v领那面有点小，如果想两面穿，把v领再收大点。

做法
p155 ~ 159

娴静

泡泡袖、圆领、翻折袖口、**大摆**、密实的花样，组成这样
一条裙子，**娴静淑雅**，气质倍升。

小情歌

做法
p160～162

细细的亚麻线和爱汇成的小吊带，花样**疏而不露**，前摆的弧形交叉颇有心思，小朋友穿上显得**娇俏可爱**，非常别致哦。

中袖外套

做法
p163~165

白色的钩针外套夏季无敌百搭，
层层木耳边让淑女气质展露无遗。

做法
p166~167

紫晶

温暖厚实的**毛线背心**，加上一层毛领，立刻就变得**高大上**起来了，冬天纯色的打底毛衣上搭配这样一件背心，真真是极好的！

做法
p168～170

毛领斗篷

毛茸茸的斗篷让人**倍感温暖**，钩针演绎的斗篷款更加**细腻温暖**，穿上**超有范儿**，想打造时尚萌宝的亲们赶紧试试吧！

做法
p171～173

童真

　　藏蓝色在常规思维里比较适合成年人，颜色暗沉，但是这款毛衣用**密实简单**的花样，打造出**俏皮**的学院风，喜欢的妈妈不妨一试哦！

做法
p174~175

童趣

纯洁的粉色或者蓝色，都让人**爱怜不已**，可爱的蛋糕裙编织方法简单，属于比较**实用**的款，初秋加上打底裤也很不错，建议妈咪们学习一下哦！

做法
p176～180

红豆缘

可爱的**红色小·礼帽**，用骨性稍好一点的毛线编织，会更加挺括哦！**黑色丝带**点缀得恰到好处。再配上一件同色系的开衫外套，是不是很有郊游的气氛呢？

做法
p181～182

大口袋短裤

可爱的**短裤口袋**是一个亮点，毛球的系绳不仅增加了整体的可爱度，并且可以控制口袋的大小，**收紧**了是贴身口袋，**放松**了可以做流行的敞口大口袋款，很实用哦。

做法
p183

淑女礼帽

可爱的小帽子编织起来比较简单，也非常实用，出门佩戴装饰一下也很不错，选用材质比较硬一些的棉线或者棉草，会让帽子比较有型、挺括。

做法
p184

童心帽

　　编织帽是小宝贝们秋冬最**必要的**，没有复杂的针法，学习掌握好内钩长针和外钩长针的钩织方法，你也能**轻松编织**一顶送给最爱的宝贝哦！

星星帽

做法 p185

非常厚实的一款**时尚帽**，戴上很有范儿，男女通杀款，**跨度很大**，只要在收边的时候控制一下收松或收紧，可以适合很多年龄层次的宝宝。

做法
p186

撞色护耳帽

大胆的撞色带来别样的效果，护耳款帽子冬季很**百搭实用**，发挥你的想象力，你能创造出更多的**撞色美帽**！

玉米棒

做法 p187

这款围脖可以和星星帽或童心帽配一套，也是男女通杀款。前开扣的设计使**围上脱下**时都不会破坏掉**小公主**的发型哦。

围脖

做法 p188

简单的花样，配上可爱的毛球或其他小饰物，让纯色的围脖变得可爱起来了，寒冷的冬天，既温暖又时尚的小物，给宝宝来个吧，需要时，它还可以当个帽子用。球球可以在上，也可以在下。

朱影

【编织材料】大红色蕾丝线270g
【编织工具】1.5mm钩针
【成品规格】裙长：55cm　胸围：68cm　袖长：28cm
【编织方法】
1. 编织前后身片。前后身片均是从下摆起18个花样，分别依照前后身片编织示意图所示进行编织，编织完整后拼接前后身片侧缝及肩斜。
2. 编织袖片。袖片是从袖口起7个花样，依照袖片编织方法所示进行编织，编织完整后缝合在衣身袖窿处。
3. 在领口及袖口处分别挑针钩织3行缘编织A，再在后领口挑针钩织3行缘编织B。

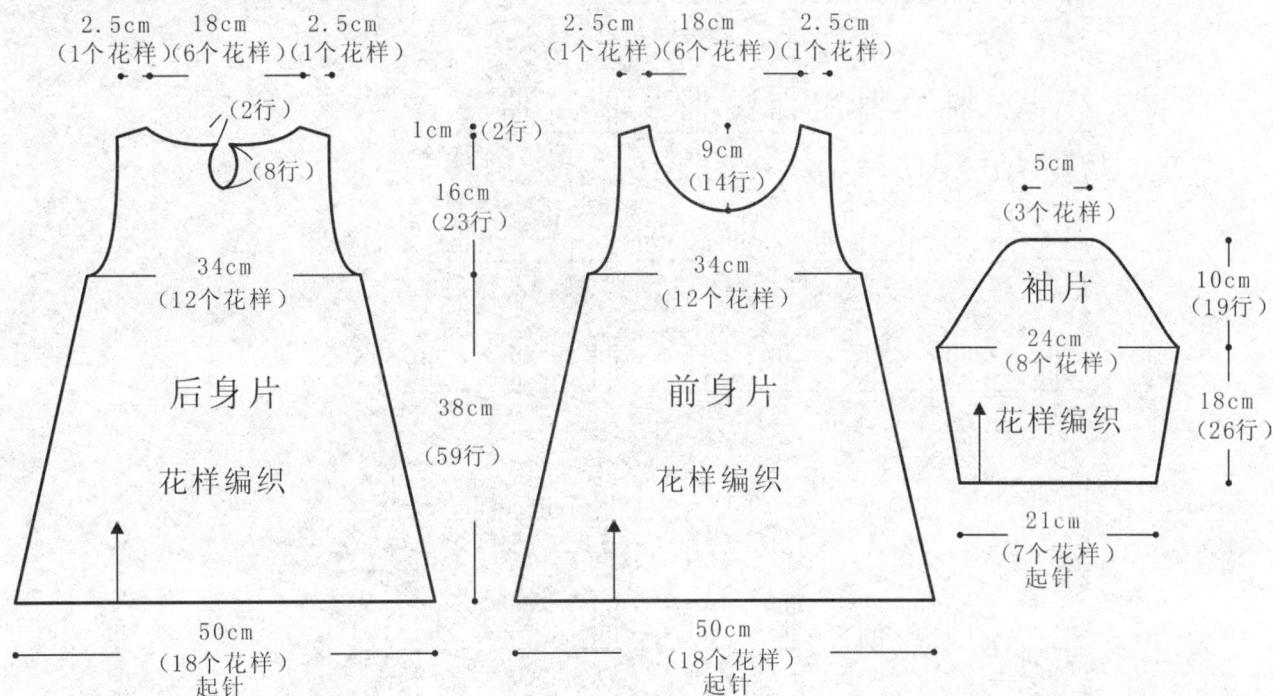

2.5cm　18cm　2.5cm
(1个花样)(6个花样)(1个花样)

2.5cm　18cm　2.5cm
(1个花样)(6个花样)(1个花样)

(2行)
(8行)

1cm (2行)

16cm
(23行)

5cm
(3个花样)

9cm
(14行)

34cm
(12个花样)

34cm
(12个花样)

袖片

10cm
(19行)

24cm
(8个花样)

花样编织

后身片

前身片

花样编织

38cm
(59行)

花样编织

花样编织

18cm
(26行)

21cm
(7个花样)
起针

50cm
(18个花样)
起针

50cm
(18个花样)
起针

后领口缘编织B

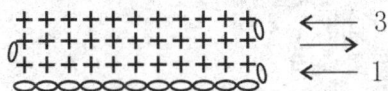

3
1

领口、袖口示意图

后领口编织

缘编织B
(3行)

(3行)

领口、袖口缘编织A

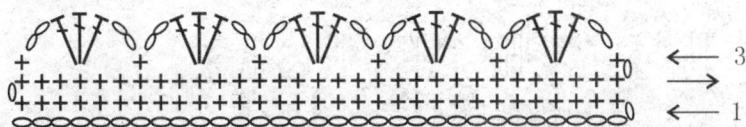

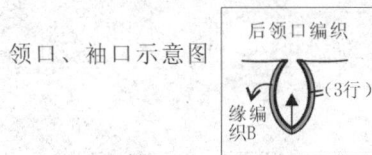

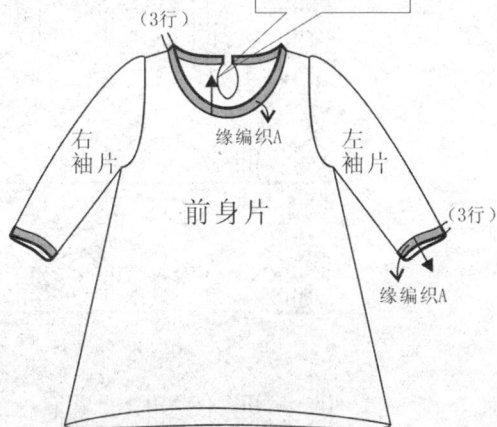

3
1

右袖片

缘编织A

左袖片

(3行)

前身片

缘编织A

后身片编织示意图

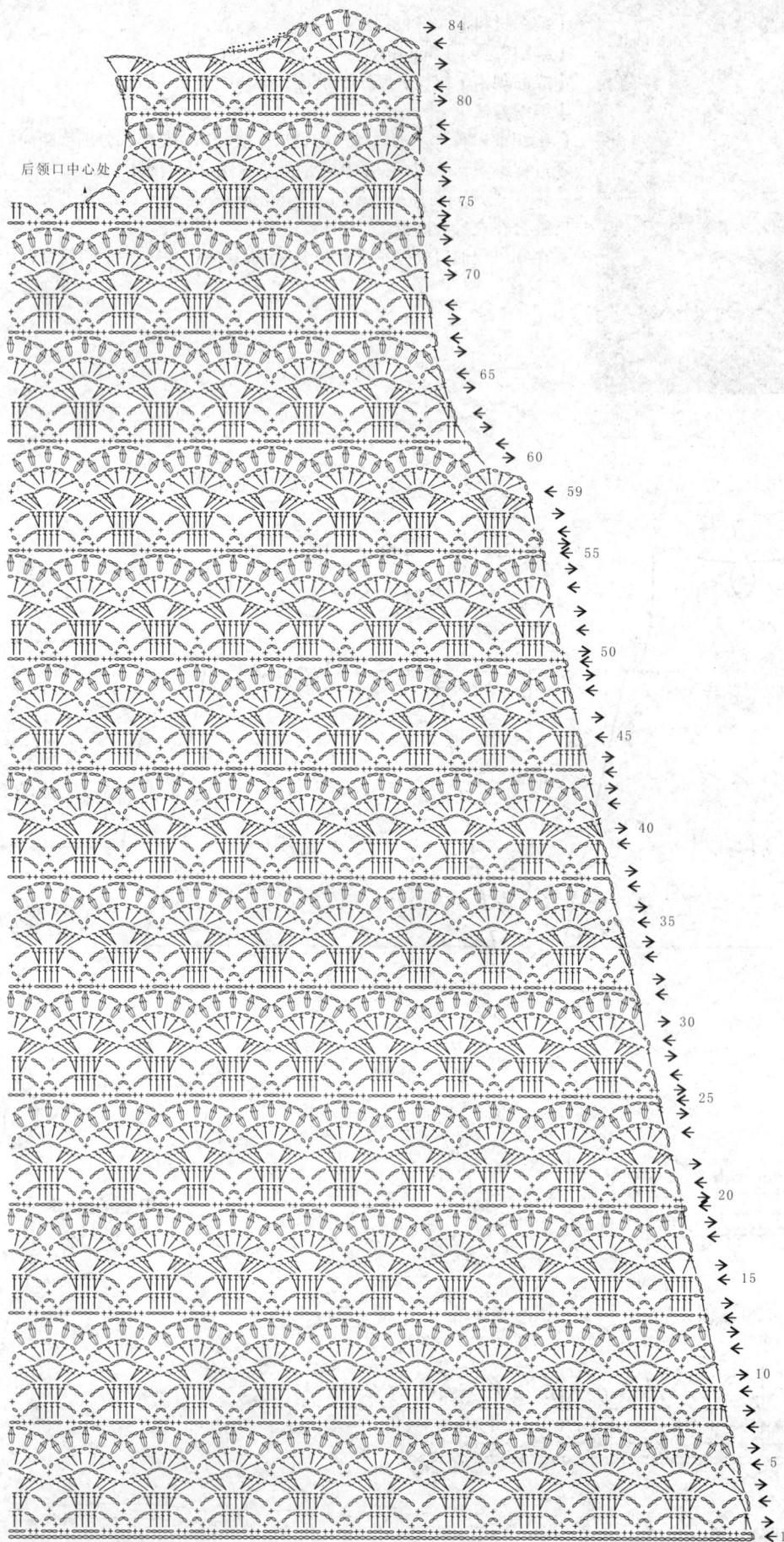

后领口中心处

84
80
75
70
65
60
59
55
50
45
40
35
30
25
20
15
10
5
1

前身片编织示意图

前领口中心处

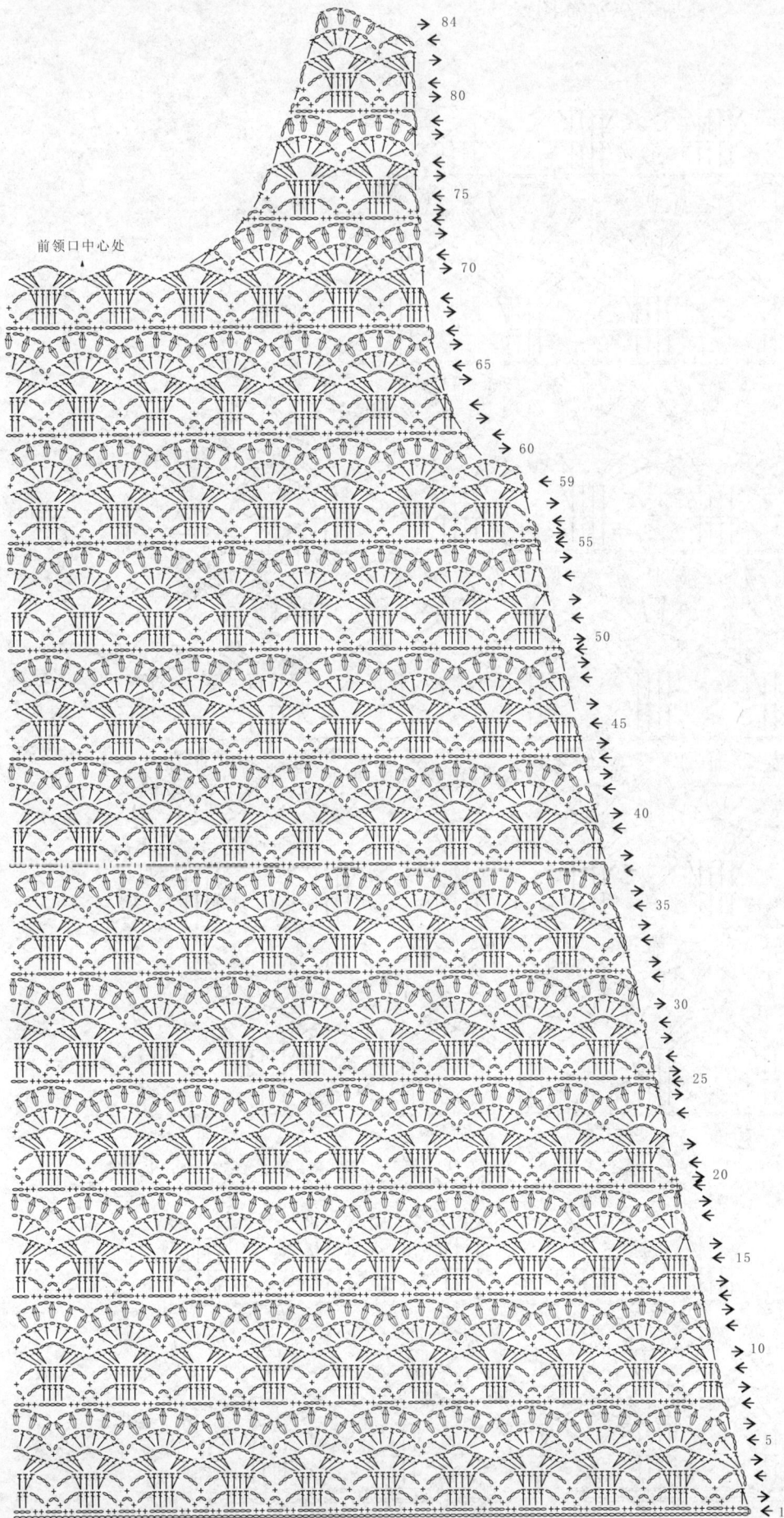

84

80

75

70

65

60

59

55

50

45

40

35

30

25

20

15

10

5

1

袖片编织示意图

袖片中心处

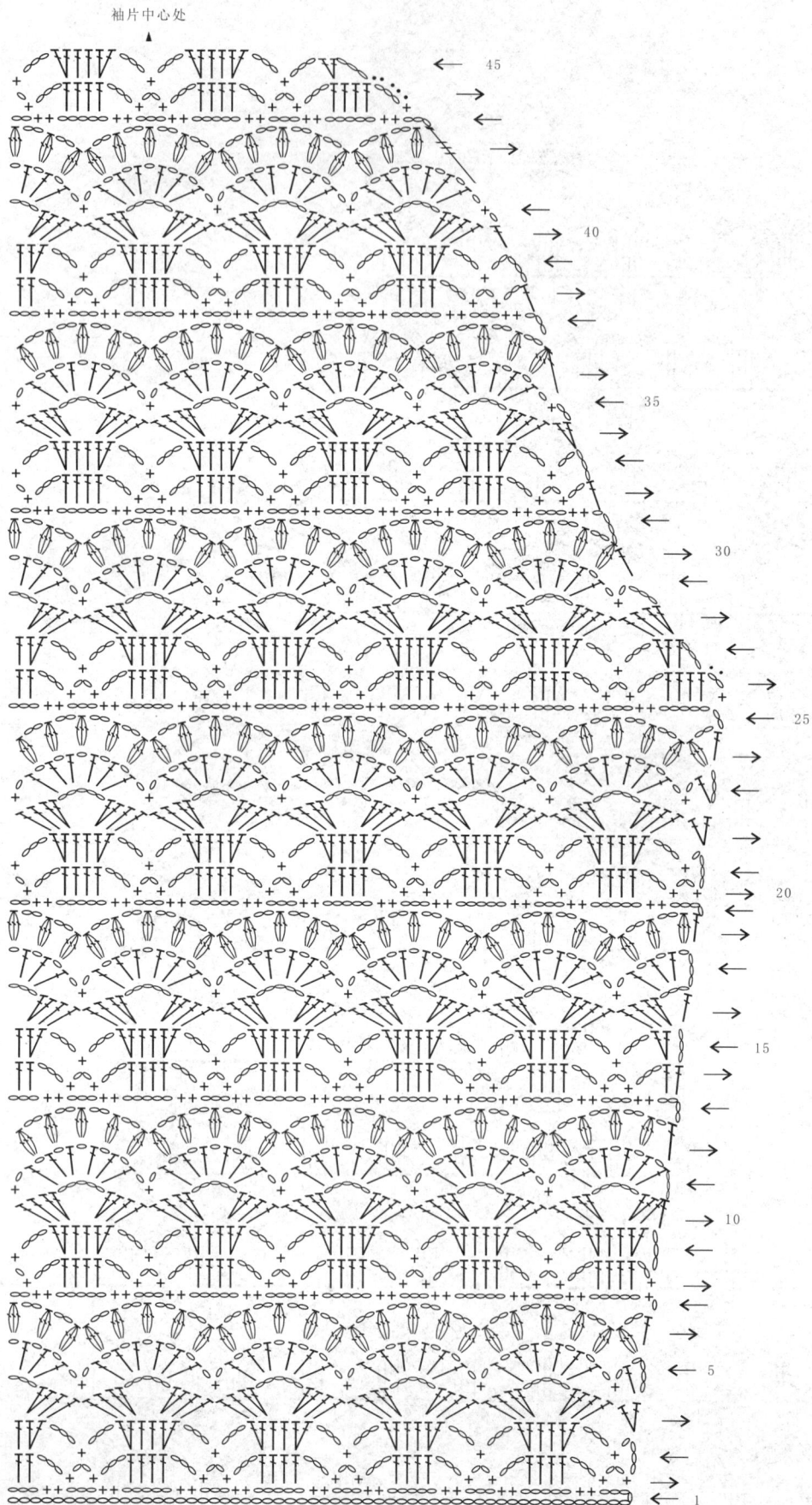

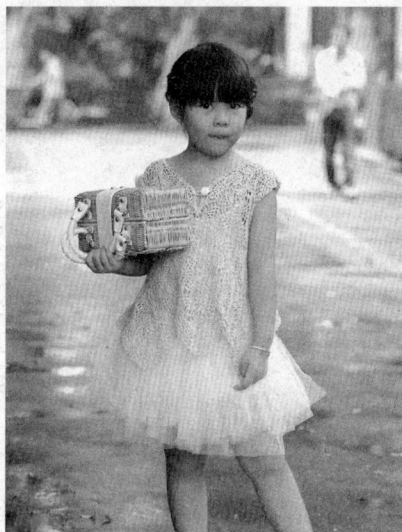

粉格格

【编织材料】粉色蕾丝线200g

【编织工具】2.2mm钩针

【成品规格】衣长：37.5cm　胸围：60cm

【编织方法】

1. 依照如图所示编织单元花样，再依照结构图所示排列拼接，袖口处表示前后侧缝缝合处，在领口、袖口、下摆处分别钩织相应的缘编织，最后把肩片1/2处向外翻折并用纽扣固定。

2. 在领口、袖口处挑针钩织缘编织A。在下摆处挑针钩织缘编织B。

领口、袖口缘编织

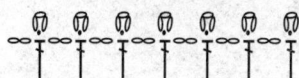

下摆缘编织

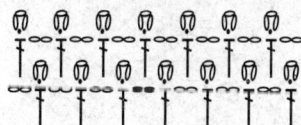

前领口处花样

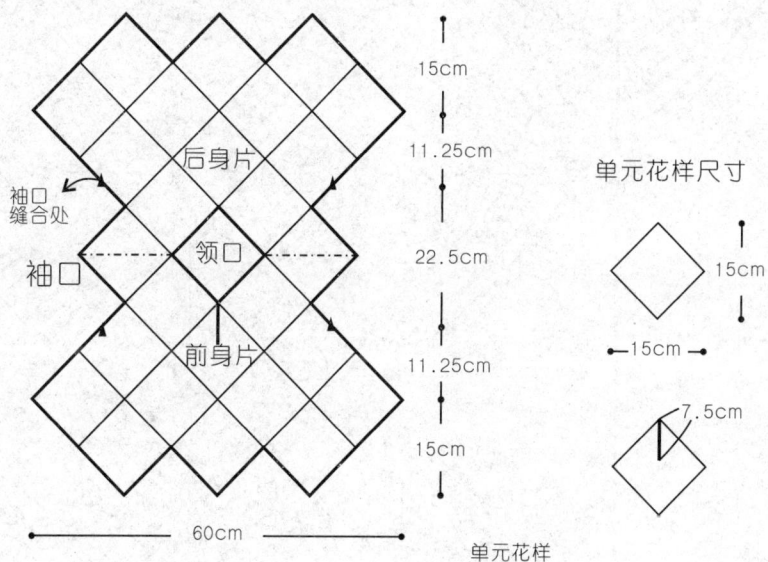

后身片

领口

袖口

袖口缝合处

前身片

15cm

11.25cm

22.5cm

11.25cm

15cm

60cm

单元花样尺寸

15cm

15cm

7.5cm

单元花样

前身片花样拼接示意图

肩中心处

不规则上衣

【编织材料】桑蚕丝线150g
【编织工具】1.5mm钩针
【成品规格】衣长：28cm 胸围：68cm 肩宽：23cm
【编织方法】
1. 前后片：先按照图示针数网格起针法起101个网格，接着编织花样A，袖窿、领口的减针按照符号图完成。
2. 组合：肩部采用引拔针缝合，腋下采用引拔针的锁针缝合。
3. 下摆网格处挑织300针长针后收边，沿领口、袖口编织图示行数的边，衣身片长方形的侧边钩织1行逆短针。
4. 按照口袋的针法图钩织1片口袋，缝合在前片合适的位置。

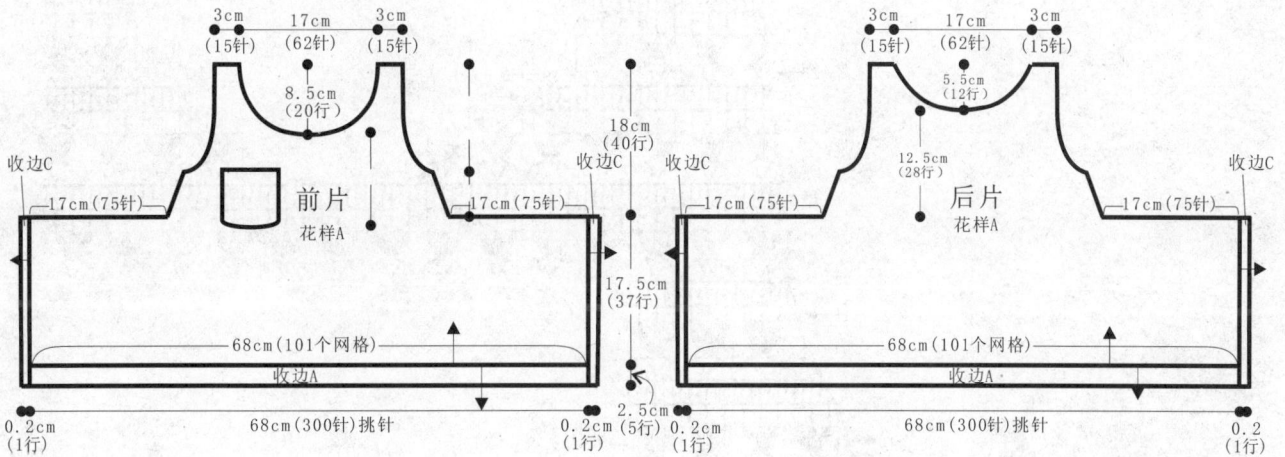

3cm (15针) 17cm (62针) 3cm (15针)
8.5cm (20行)
收边C
17cm (75针)
前片 花样A
17cm (75针)
18cm (40行)
收边C
68cm (101个网格)
收边A
17.5cm (37行)
2.5cm
0.2cm (1行) 68cm (300针)挑针 0.2cm (1行) 0.2cm (5针) 0.2cm (1行)

3cm (15针) 17cm (62针) 3cm (15针)
5.5cm (12行)
收边C
12.5cm (28行)
后片 花样A
17cm (75针)
17cm (75针)
收边C
68cm (101个网格)
收边A
68cm (300针)挑针 0.2cm (1行)

针法说明：
o = 锁针
X = 短针
⅄ = 逆短针
T = 中长针
下 = 长针
Ŧ = 长长针
⅃ = 3长针的枣形针
Ⅲ = 3中长针的枣形针
⋀ = 2长针并1针
Ⓨ = 狗牙拉针
● = 引拔针
→ = 编织方向
▶ = 断线

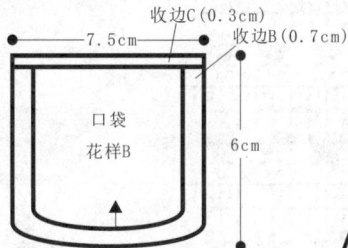

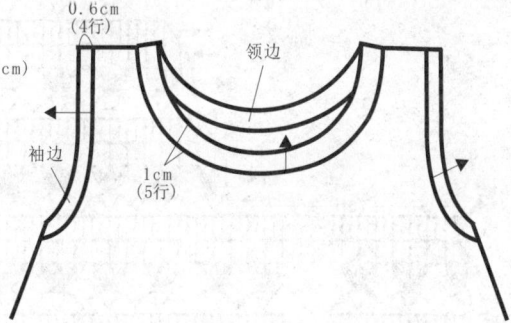

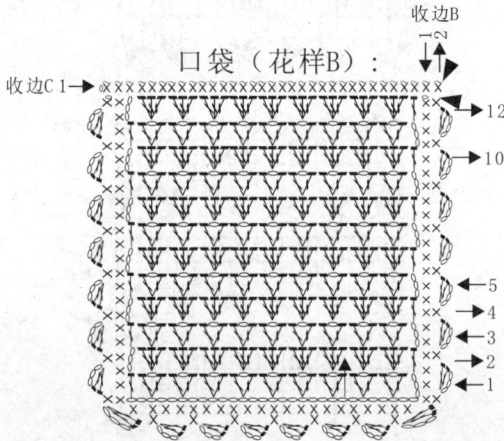

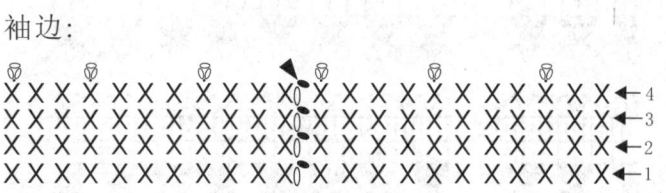

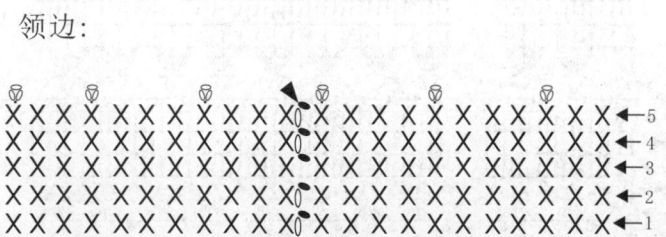

收边C (0.3cm)
7.5cm
收边B (0.7cm)
口袋 花样B
6cm

0.6cm (4行)
领边
袖边
1cm (5行)

口袋（花样B）：
收边C 1
收边B
2
12
10
5
4
3
2
1

袖边：
4
3
2
1

领边：
5
4
3
2
1

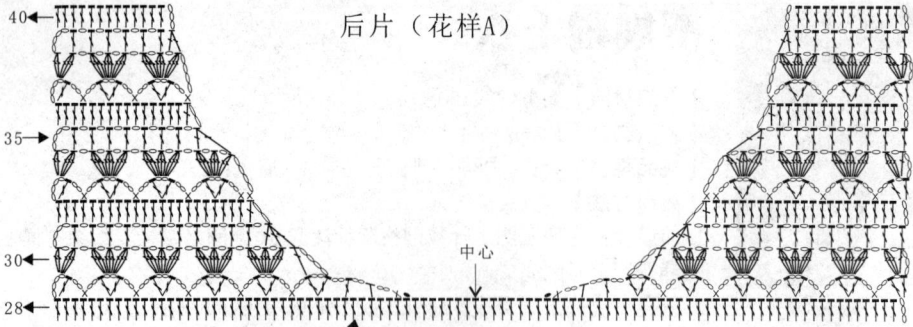

后片（花样A）

中心

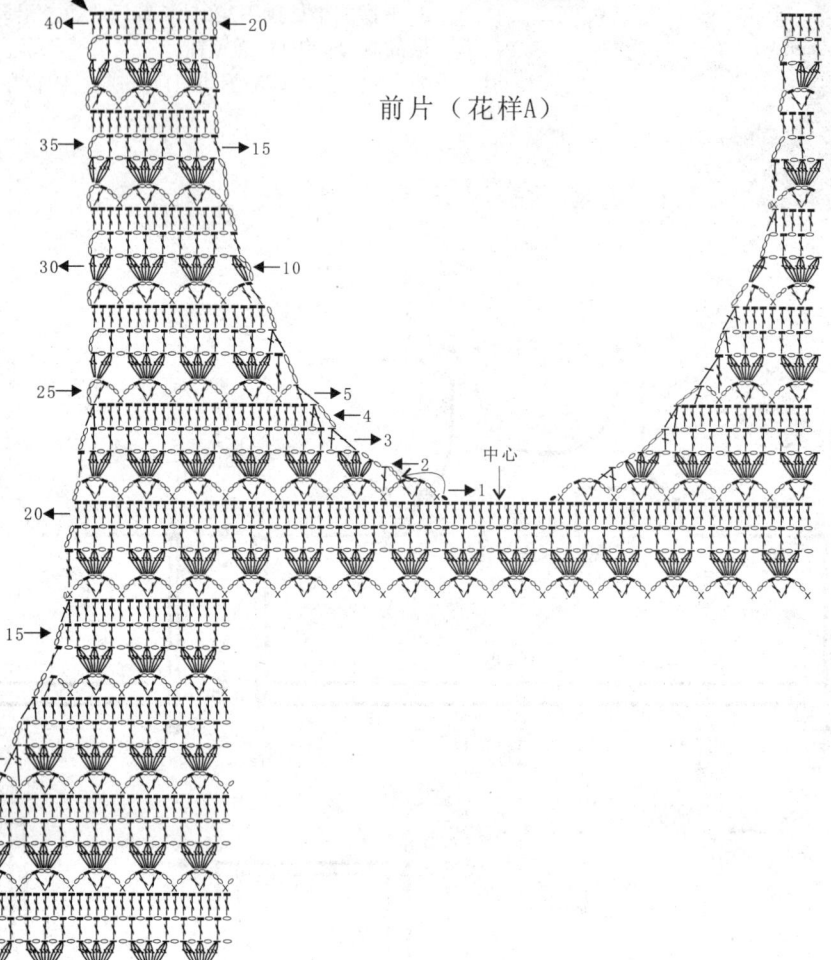

前片（花样A）

中心

75针

101个网格

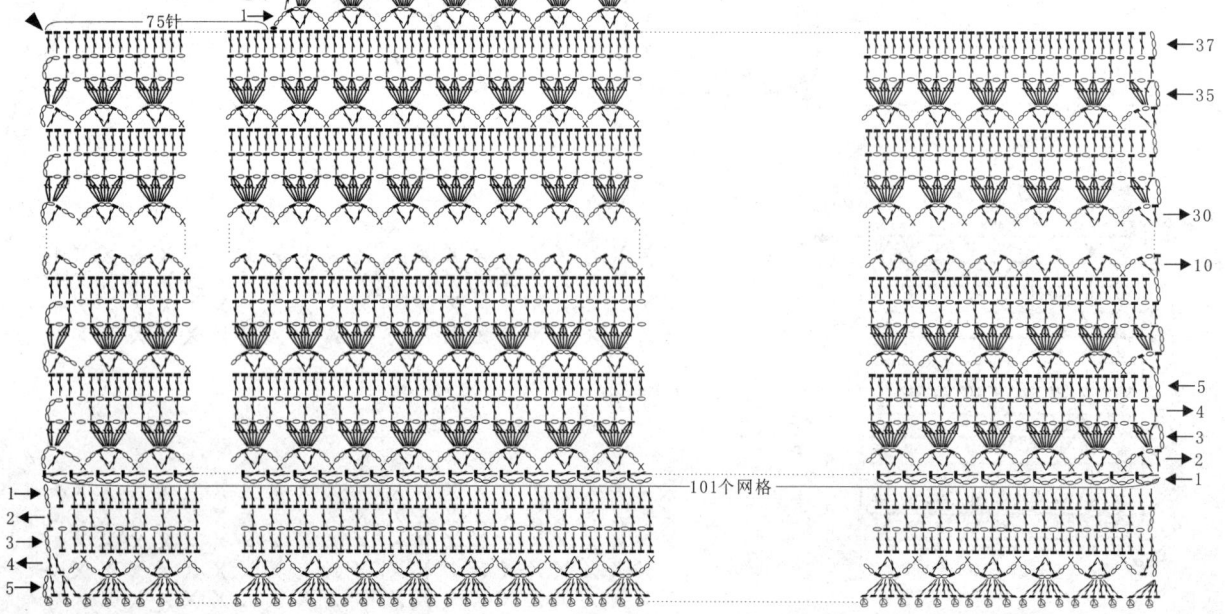

圆舞曲

【编织材料】紫色棉线210g
【编织工具】4.0mm钩针
【成品规格】衣长：36cm　胸围：33cm
【编织方法】
1. 起9针，依照花样编织A所示编织134行，后首尾相连。
2. 在花样A上挑29针，编织20行，后缝合在花样A的另一端。
3. 在花样A另一条边上挑62个花样编织C，依照花样编织C所示进行加针编织12行，最后在衣边处挑针钩织83个缘编织。

衣身片示意图

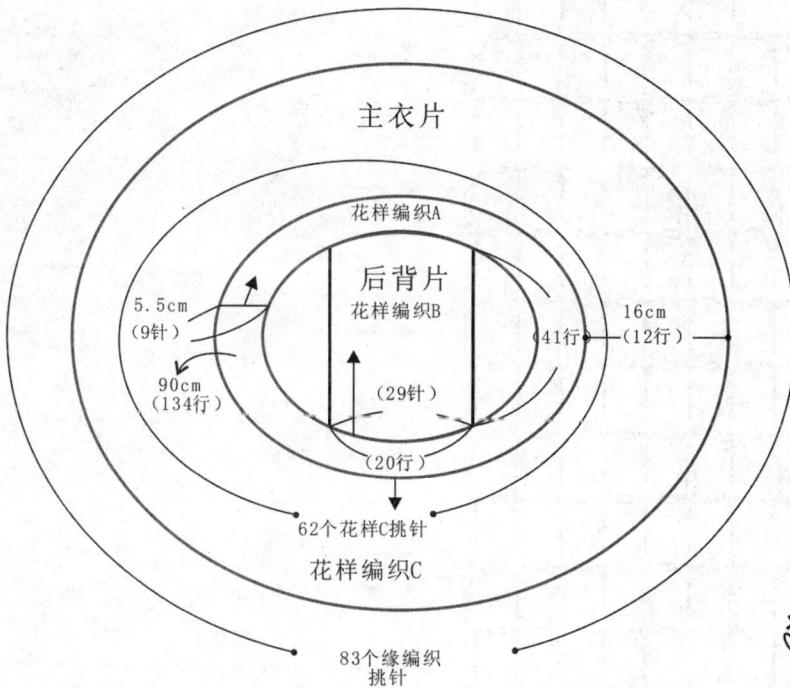

主衣片

花样编织A

后背片
花样编织B

5.5cm
（9针）

90cm
（134行）

（29针）

（20行）

41行

16cm
（12行）

62个花样C挑针

花样编织C

83个缘编织
挑针

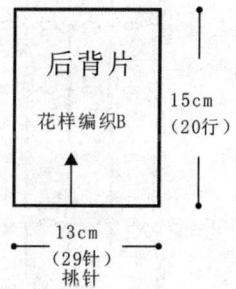

后背片
花样编织B

15cm
（20行）

13cm
（29针）
挑针

花样编织A

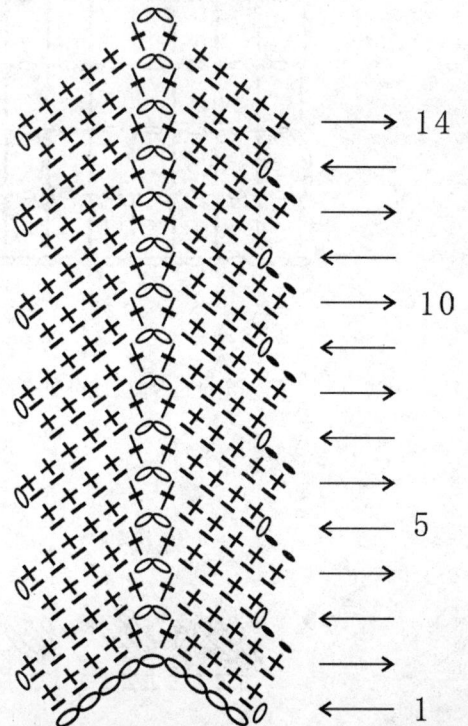

14

10

5

1

花样编织C

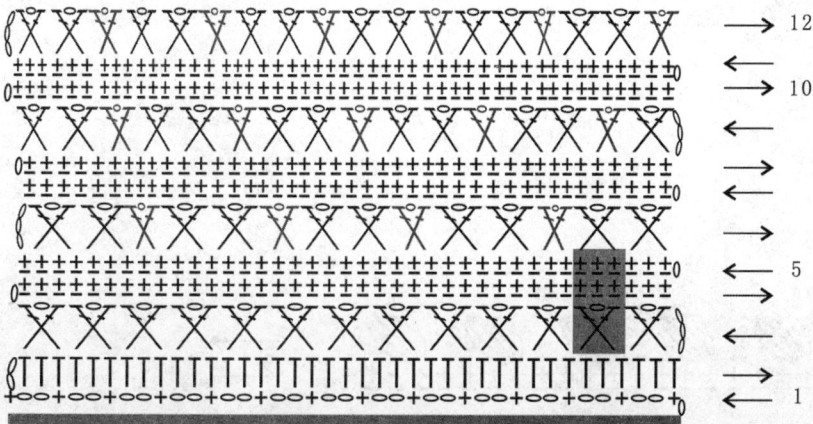

12

10

5

1

花样编织B

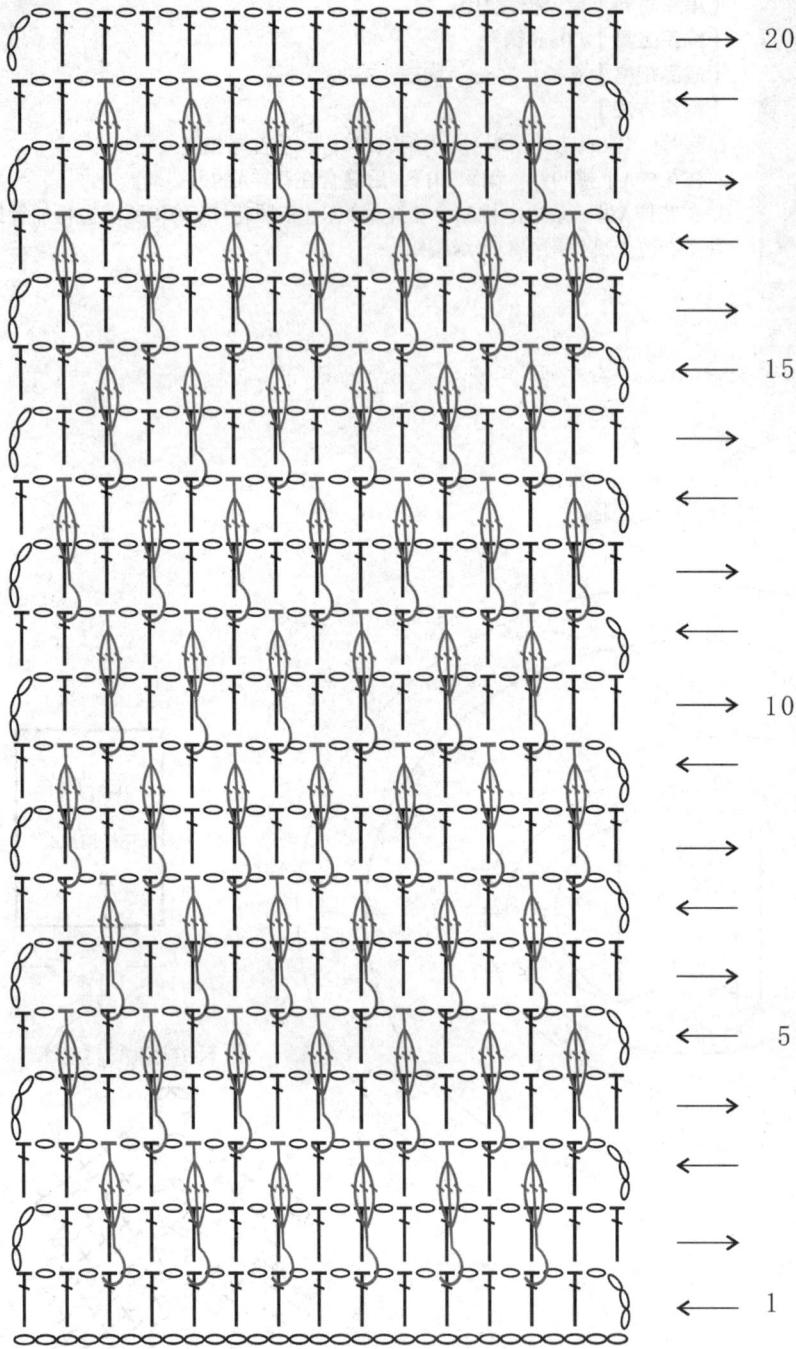

→ 20

←

→

←

→

← 15

→

←

→

← 10

→

←

→

←

→ 5

←

→

←

→

← 1

3长针的外钩枣针

缘编织

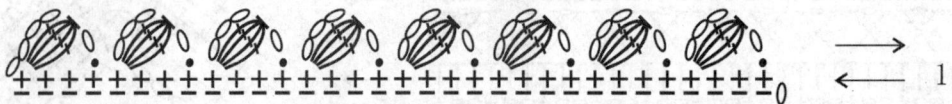

→
← 1

群摆摇摇

【编织材料】蕾丝线，深蓝色150g，白色50g
【编织工具】1.6mm、1.4mm钩针
【成品规格】胸围：53cm　裙摆宽：47.5cm　裙长：45cm
【编织方法】

1. 前片与后片各起122针锁针，编织花样，按照图示挖领，留袖窿，并按照图示用深蓝色和白色相间的线编织，袖片起104针锁针，编织深蓝色花样2行，白色花样6行，一共2片。

2. 把前片与后片袖窿以下以及肩部用钩针缝合。

3. 沿领口、袖口挑图示针数，领口织3行短针，第3行在前片3个适当位置减3针，袖口织2行短针。

4. 裙摆第1行一次性加至372针长针，一共124个花样，接着继续编织花样，裙摆共织46行，裙边编织拼花，一圈共17个单元花，按照图示边织单元花边进行连接，包括单元花之间的连接和与裙摆的连接。

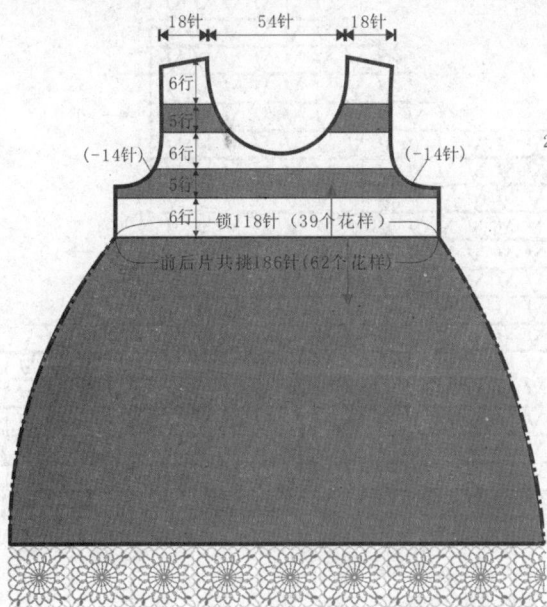

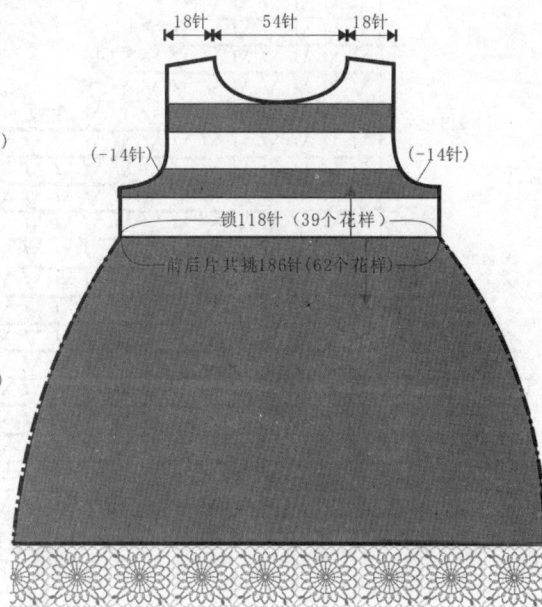

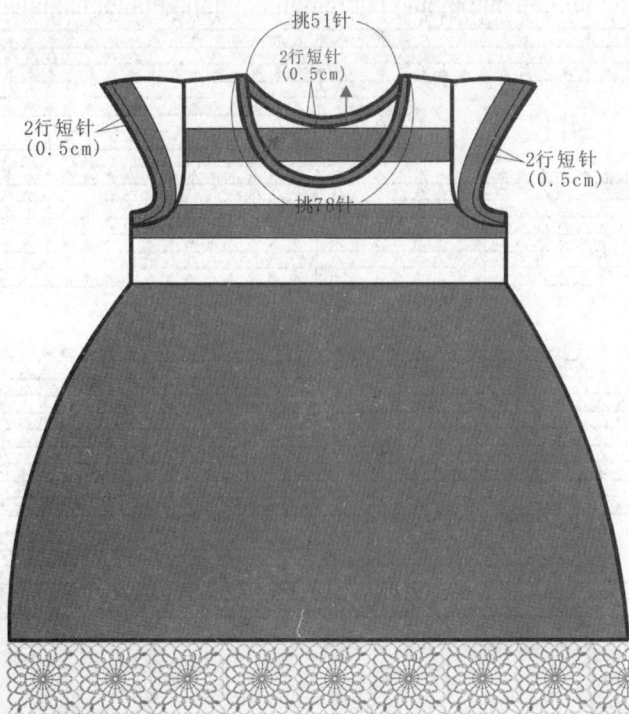

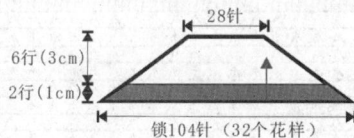

5. 裙摆拼花完成后钩2行花边。

18针　54针　18针
6行
5行
(−14针)　6行　(−14针)
5行
6行　锁118针（39个花样）
一前后片共挑186针（62个花样）
28行(13.5cm)
46行(25cm)

18针　54针　18针
(−14针)　(−14针)
锁118针（39个花样）
一前后片共挑186针（62个花样）

挑51针
2行短针
(0.5cm)
2行短针
(0.5cm)
2行短针
(0.5cm)
挑78针

28针
6行(3cm)
2行(1cm)
锁104针（32个花样）

单元花针法图

后片领口减针图示

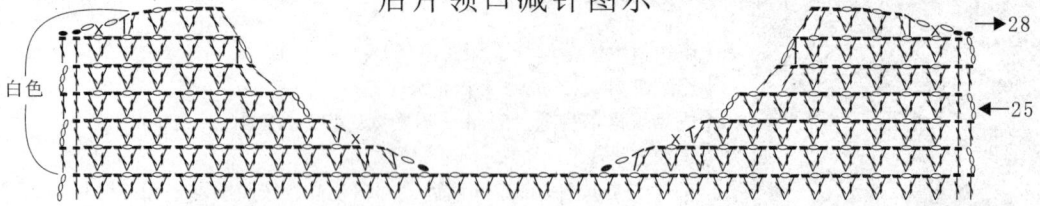

白色

→28

→25

前片针法图

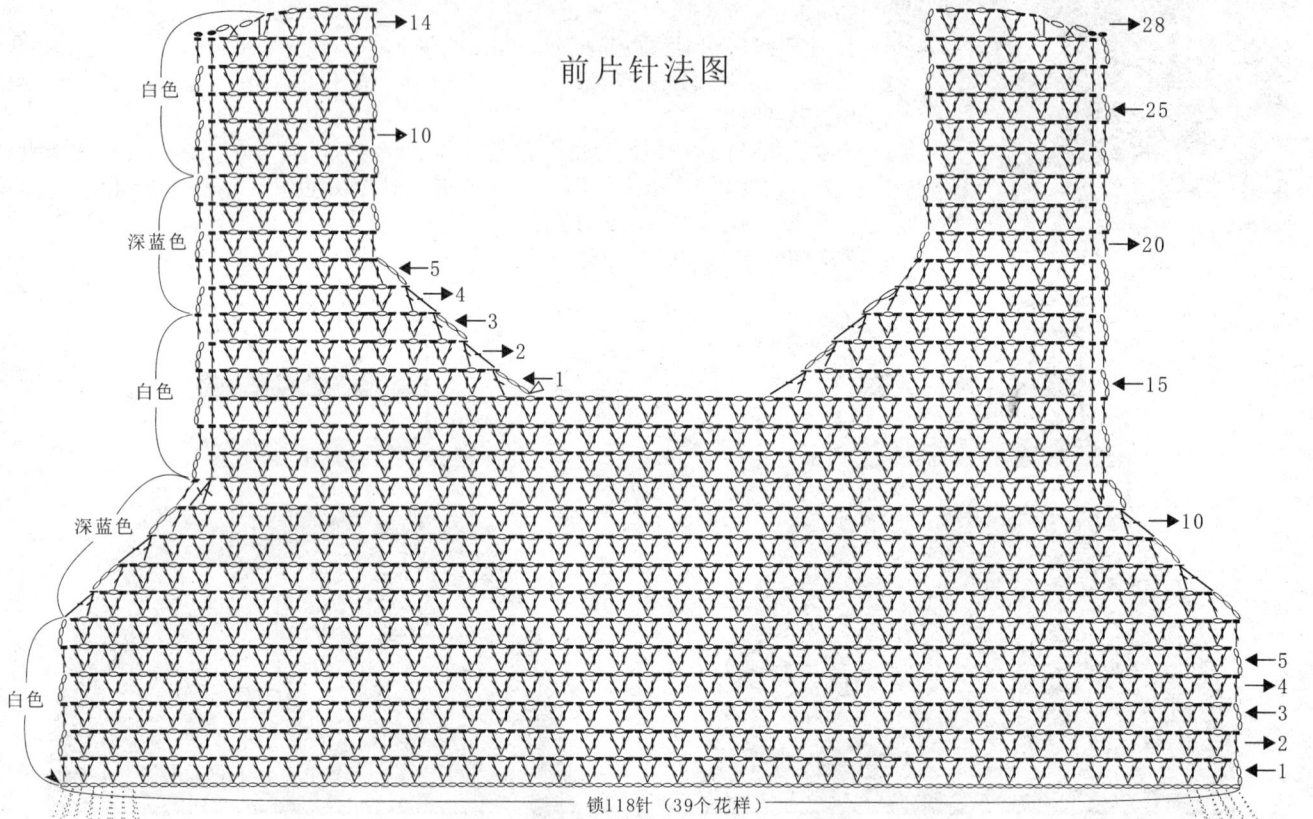

白色

→14

→10

深蓝色

白色

←5
←4
←3
←2
←1

深蓝色

→10

白色

→28

→25

→20

→15

←5
←4
←3
←2
←1

锁118针（39个花样）

前后片共挑186针(124个花样)

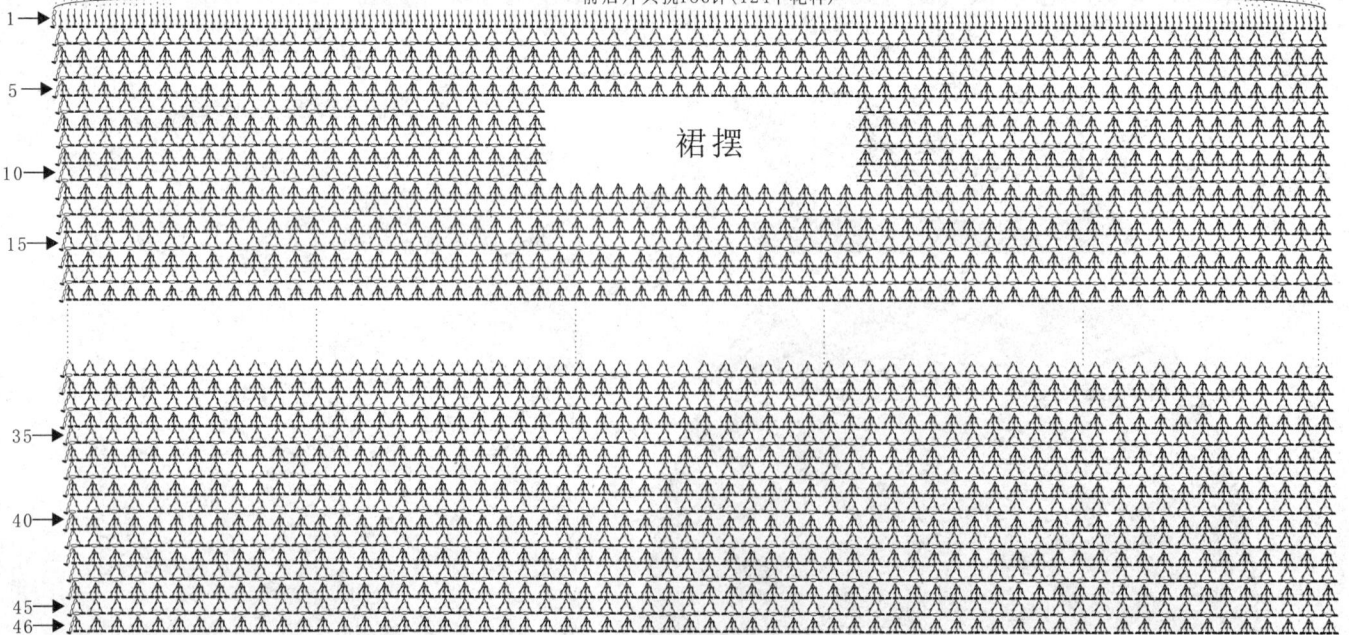

裙摆

1→
5→
10→
15→

35→
40→
45→
46→

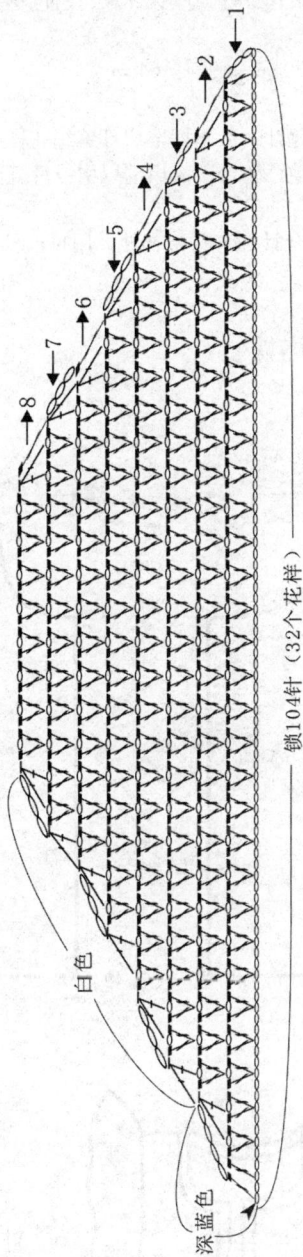

袖片针法图

锁104针（32个花样）

白色

深蓝色

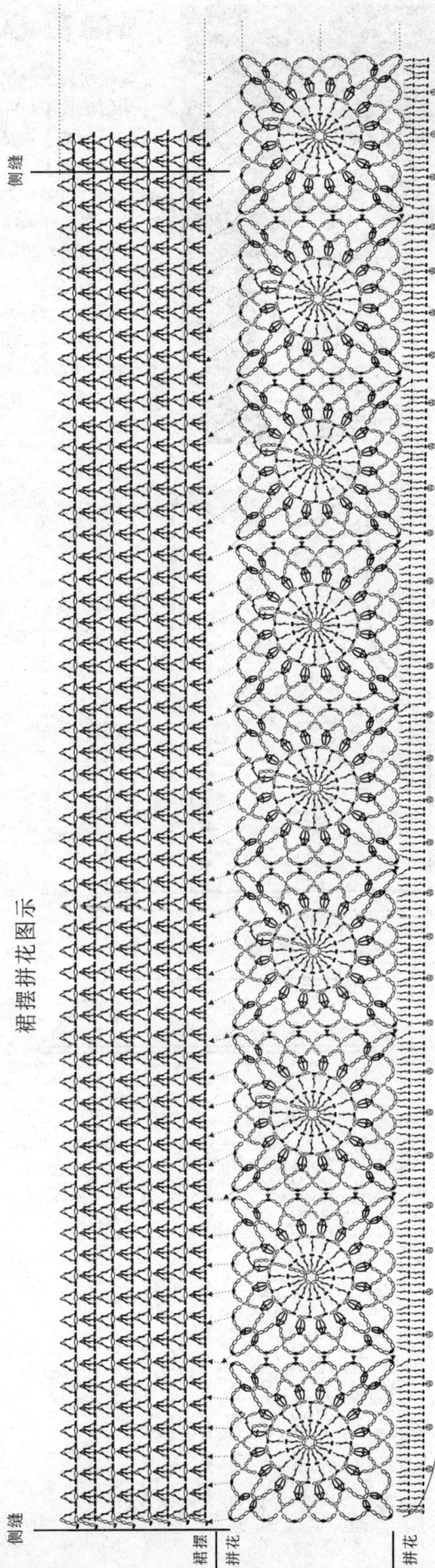

裙摆拼花图示

侧缝

侧缝

裙摆

拼花

拼花

共17个单元花

针法说明

○ = 锁针
× = 短针
T = 中长针
$\dagger$ = 长针
$\ddagger$ = 长长针
$\wedge$ = 2长针并1针
$\mathbb{A}$ = 2长针的枣形针
∇ = 狗牙拉针
● = 引拔针
→ = 编织方向
► = 编织起点
► = 断线
▽ = 接线

飞袖背心

【编织材料】混纺线水绿色200g，银丝少许，珍珠28颗，白色花朵纽扣8枚
【编织工具】4.0mm钩针
【成品规格】衣长：36cm　肩宽：20cm　胸围：64cm
【编织方法】
1. 后片、右前片、左前片按照图示起针，从下摆至肩部编织花样A。
2. 前片与后片袖窿下以"1引拔针2锁针缝合"，肩部以引拔针缝合。
3. 底边编织花边B，共21个花边。
4. 袖片钩织花样D，袖子上端捏褶，6针1个褶，共6处，用1行短针结尾，并以"1引拔针，2锁针"缝合在袖窿处合适位置。
5. 沿门襟、领口往返编织3行花边1。
6. 钩织2块口袋片，缝合在前片适当位置。

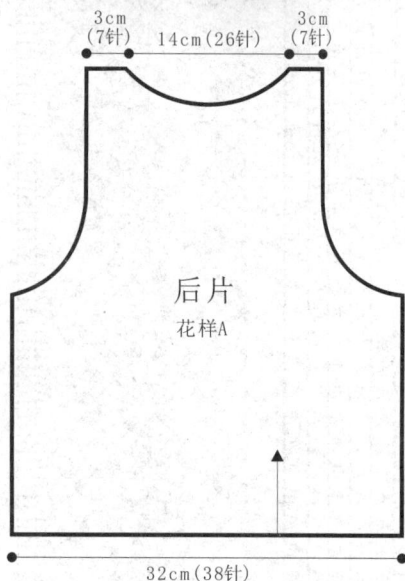

后片
花样A

右前片
花样A

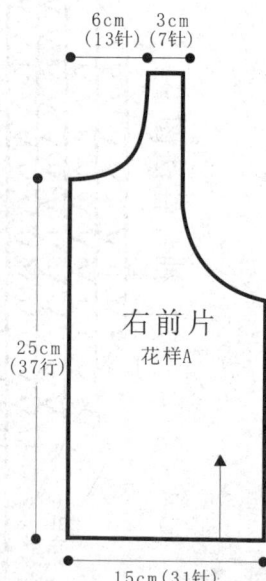

右前片
花样A

袖片　花样D

口袋片针法图（花样C）

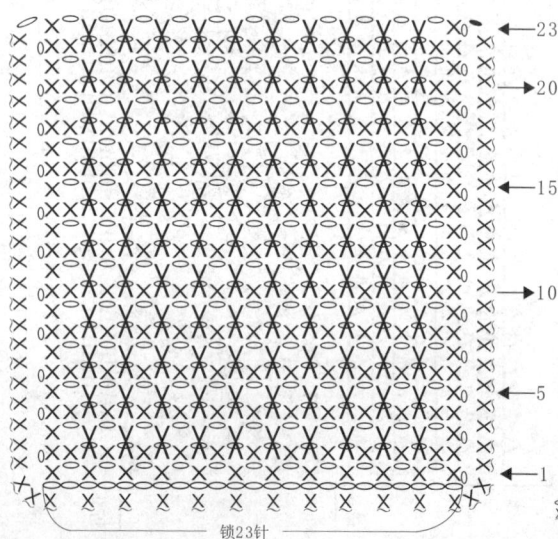

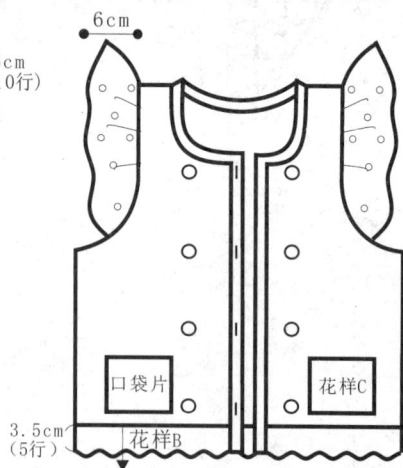

针法说明
◦ ＝锁针
× ＝短针
丅 ＝中长针
Ⅰ ＝长针
• ＝引拔针
× ＝逆短针
Ƹ ＝外钩长针
∧ ＝2长针并1针
→ ＝编织方向

袖片花样D

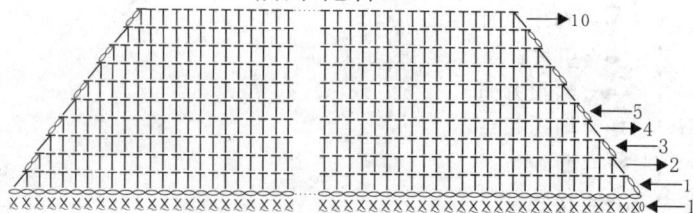

领口、门襟边花样1

下摆边花样B(共21个花样)

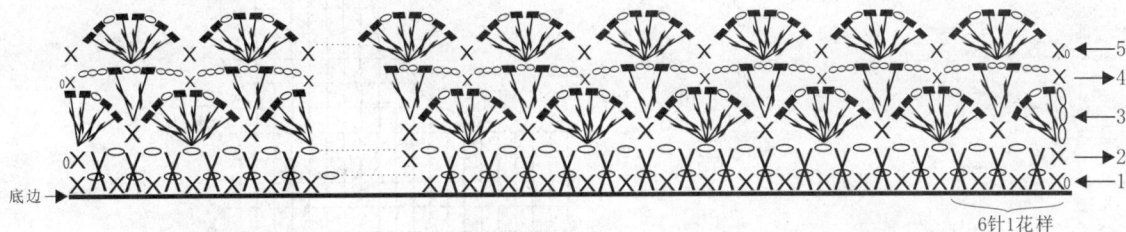

底边→

6针1花样

背心后片（花样A）

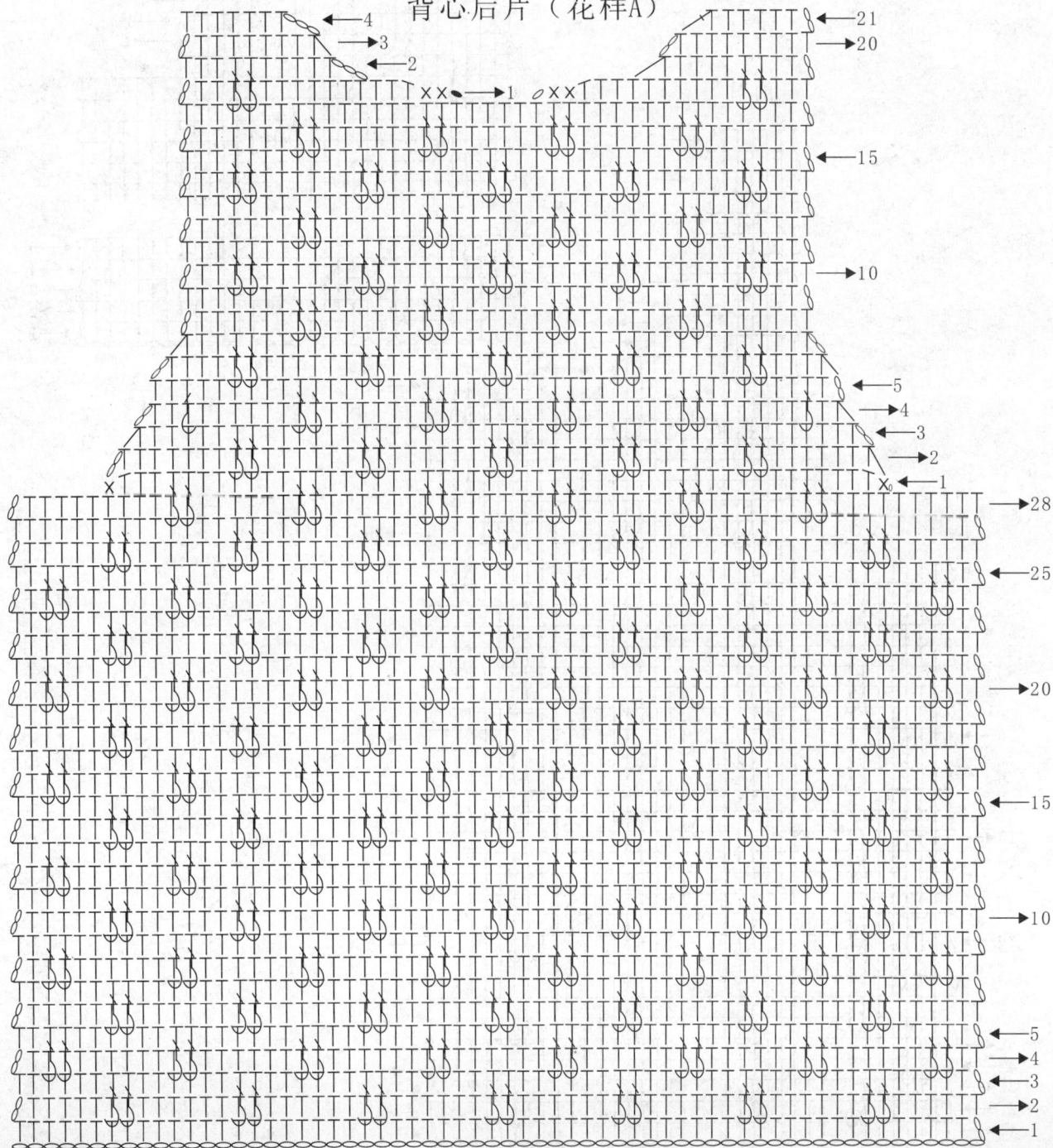

62

左前片

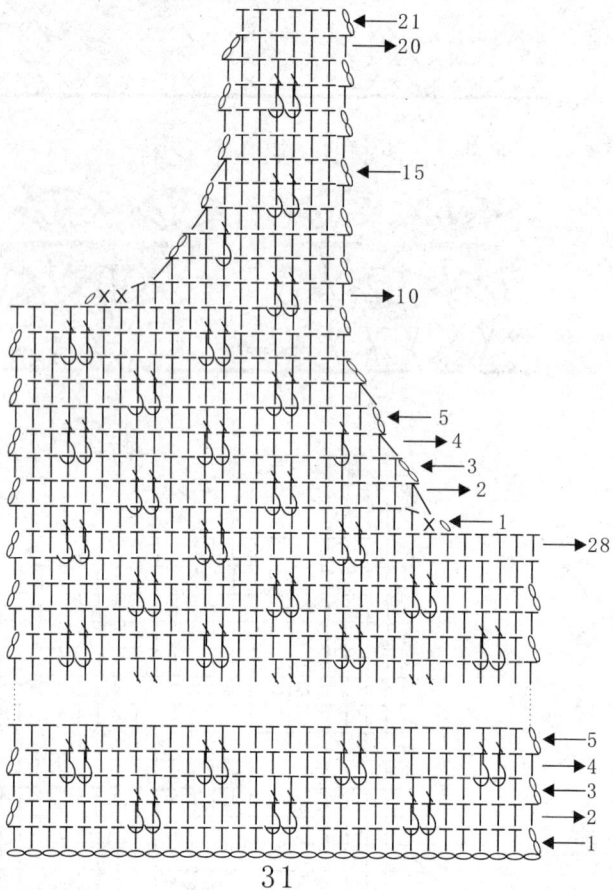

31

右前片

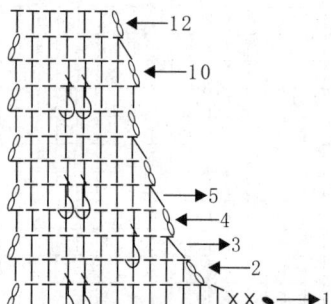

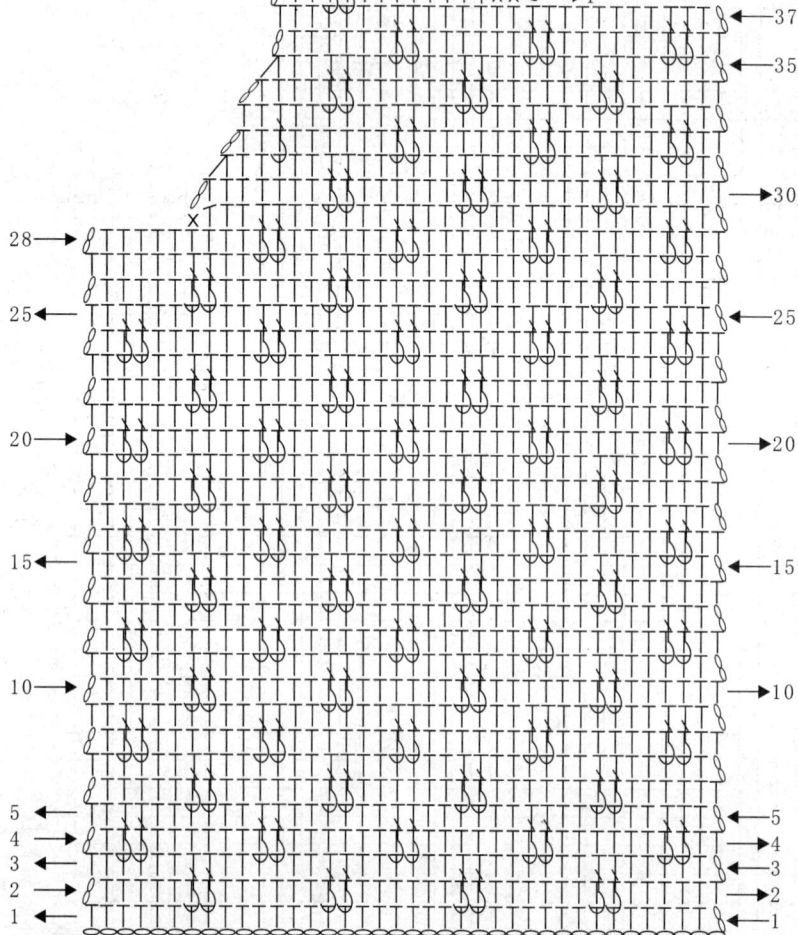

38

大气黑马甲

【编织材料】黑色松树纱300g，缎带蝴蝶结一个，腰带一条，金属挂钩对扣3对
【编织工具】4.0mm钩针
【成品规格】衣长：37.5cm　胸围：58cm　肩宽：23cm
【编织方法】
1. 前后身片都用2股黑色线编织花样，从底边编织到肩部，注意前片是圆下摆，需要逐渐加针成弧形。
2. 用1短针、1锁针的方法缝合肩部，腋下。
3. 门襟内侧缝上金属挂钩对扣，一共3个位置。
4. 胸前别上缎带蝴蝶结装饰，可自行准备腰带搭配。

马甲左前片

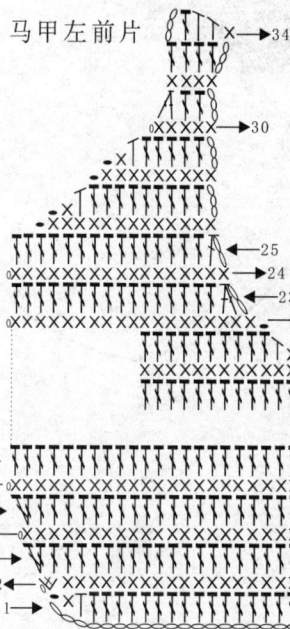

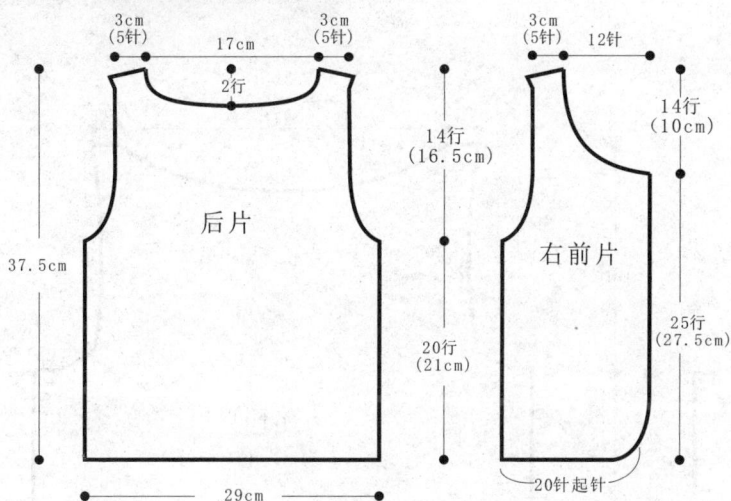

马甲后片

马甲右前片：

针法说明
○ = 锁针
× = 短针
T = 中长针
亅 = 长针
引 = 引拔针
ⴸ = 1针里面织2个短针
ʌ = 2长针并1针
Ѧ = 3长针并1针
→ = 编织方向

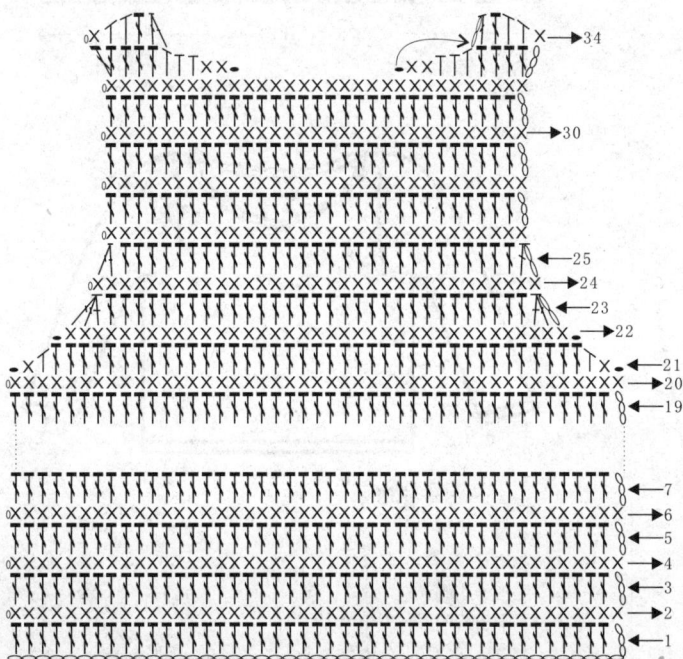

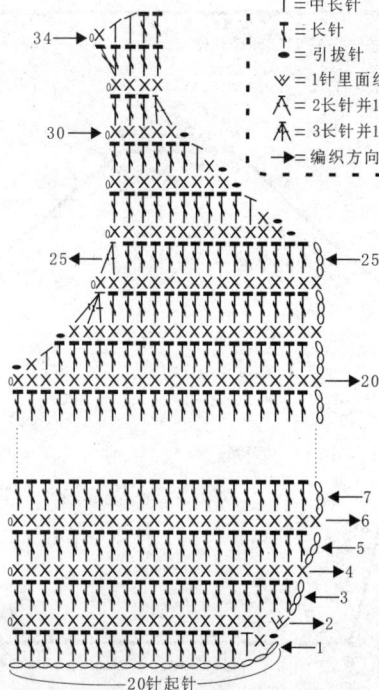

红树莓

【编织材料】玫红色蕾丝线104g
【编织工具】2.2mm钩针
【成品规格】衣长：33cm　胸围：62cm　袖长：26cm
【编织方法】
1. 前后片各起73针锁针，按照图示方法片织花样A，收袖窿以及挖前后领。
2. 袖片锁43针起针，按图示方法片织花样A，并按照图示加针和收袖山。
3. 拼接：袖下、袖窿下两侧边以1短针、1锁针的方式接缝，肩部引拔缝合。
4. 领口、袖口圈织花边1，下摆圈织花边2。

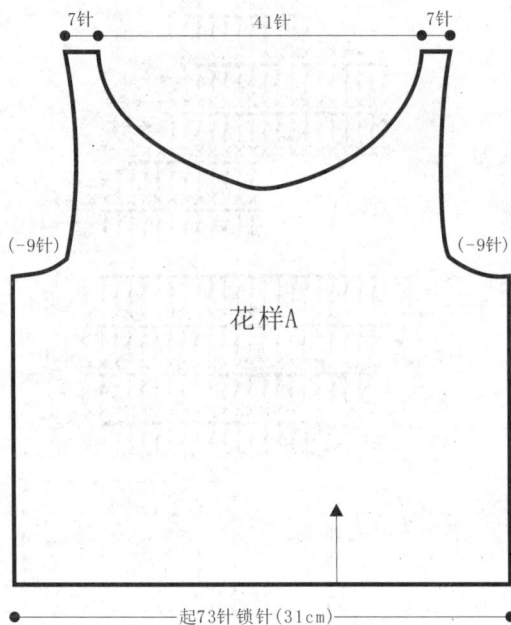

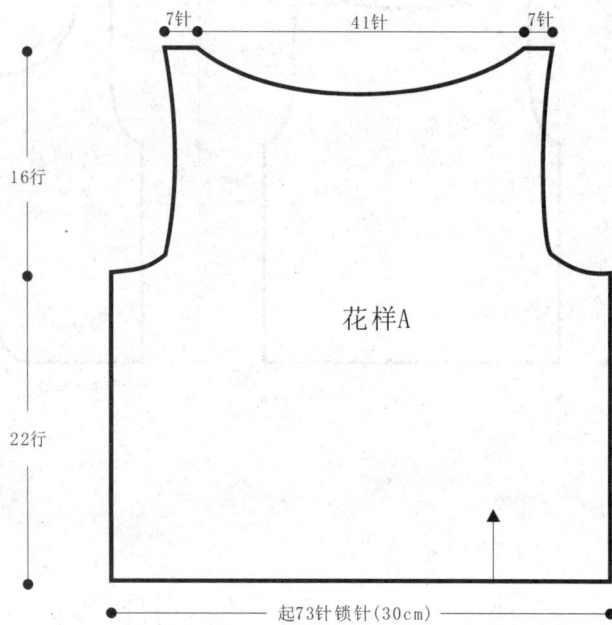

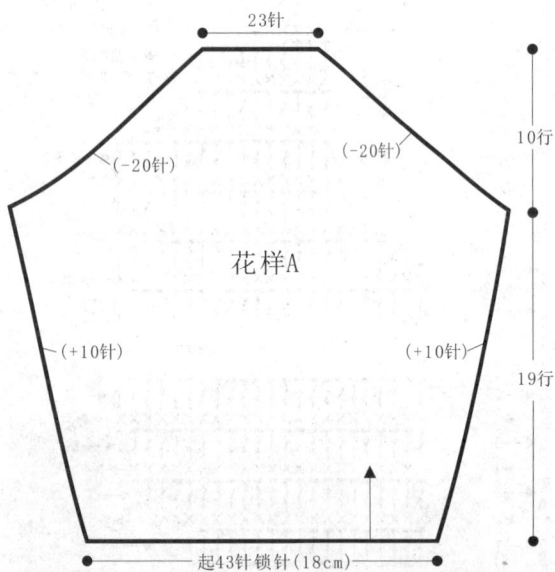

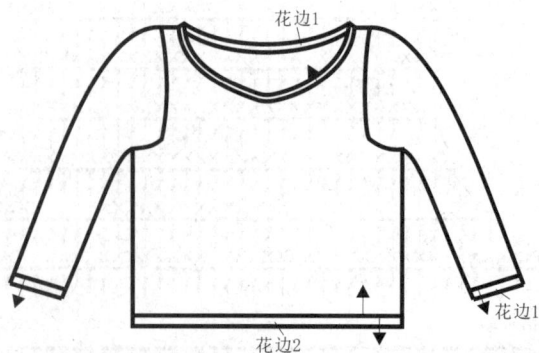

7针　　41针　　7针

16行

(-9针)　　　　　(-9针)

花样A

22行

起73针锁针（31cm）

7针　　41针　　7针

花样A

起73针锁针（30cm）

23针

(-20针)　　(-20针)

10行

花样A

(+10针)　　(+10针)

19行

起43针锁针（18cm）

花边1

花边1

花边2

针法说明

- ○ = 锁针
- × = 短针
- T = 中长针
- ↑ = 长针
- ● = 引拔针
- 長 = 长长针
- ↟ = 扭花短针
- ⟰ = 3个长长针的枣形针

前片针法图：（花样A）

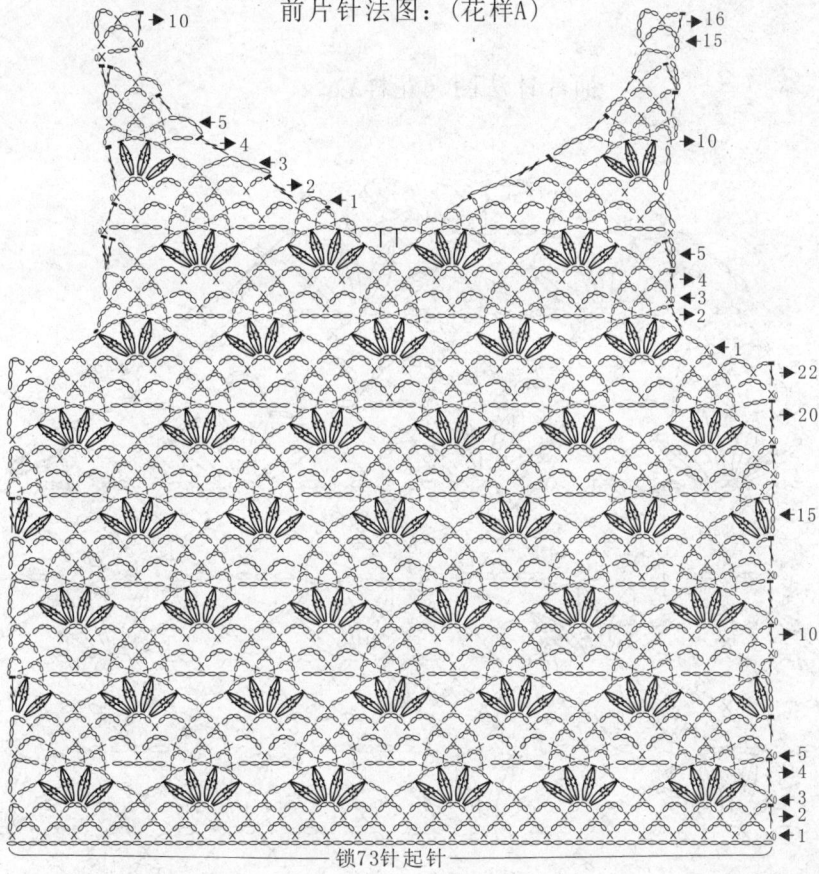

锁73针起针

后片针法图：（花样A）

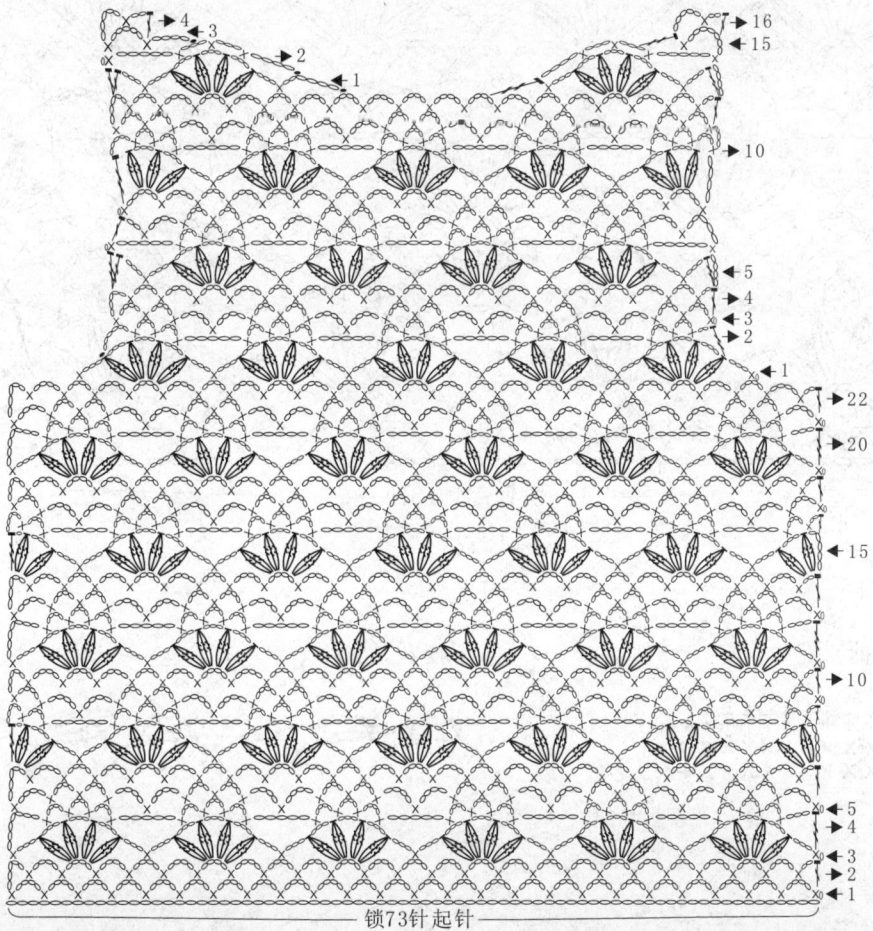

锁73针起针

袖片针法图（花样A）

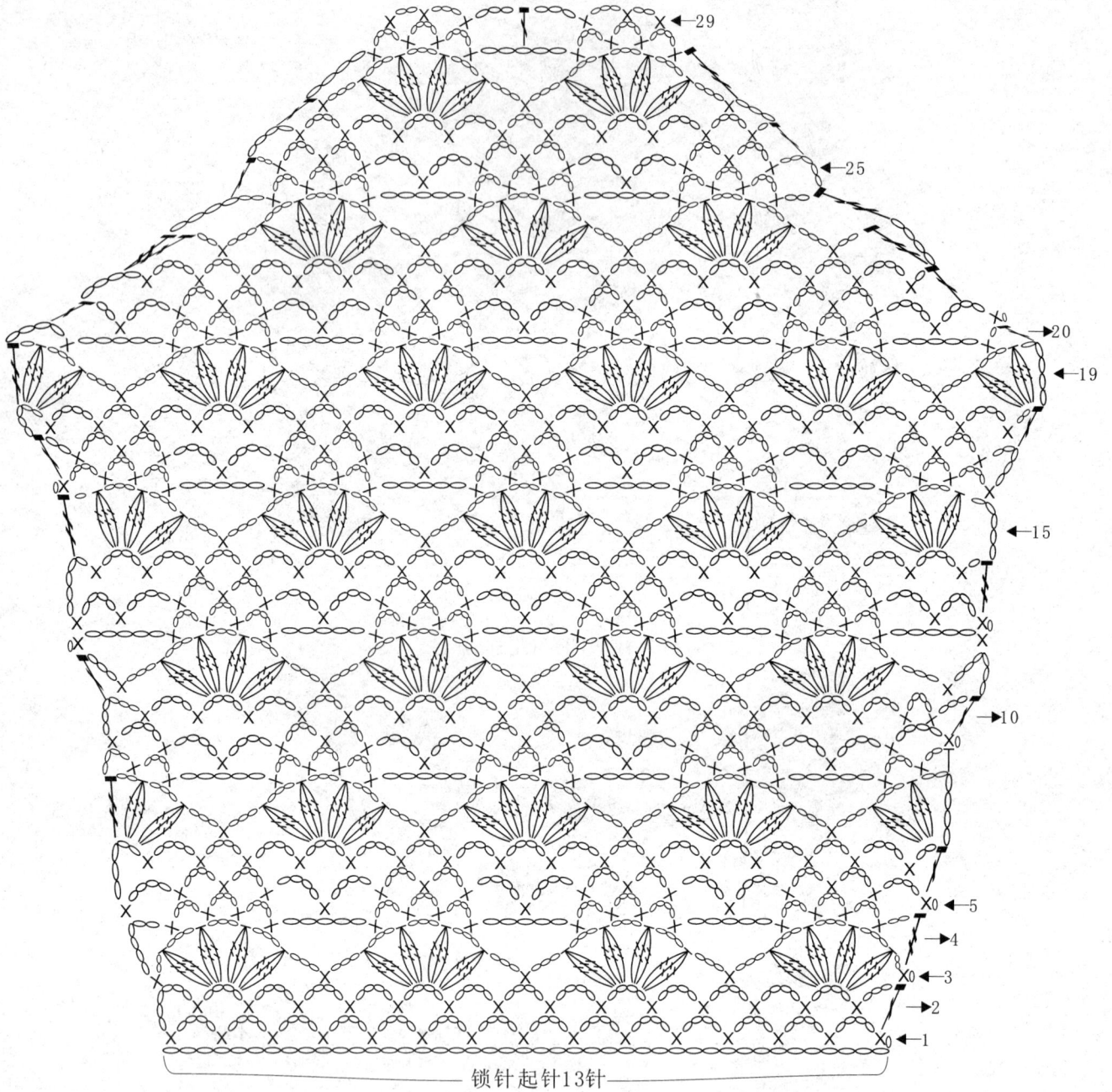

←29

←25

←20
←19

←15

←10

←5
→4
←3
←2
←1

—锁针起针13针—

领口、袖口花边1

←3
→2
←1

下摆花边2

叠霞

【编织材料】金丝棉线100g
【编织工具】1.0mm钩针
【成品规格】衣长：33cm（不含吊带）　肩带长：8cm　胸围：56cm　裙摆宽：58cm
【编织方法】
1. 裙子上半身分前后片织，网格起针法起50个网格，按照图示方法钩织花样A，其中前片在图示位置共钩织4层木耳边（花样C）。
2. 把前后片袖窿下两侧边以"1引拔针，3锁针"的方式接缝。
3. 沿上半身的网格挑针织裙摆，织花样B。
4. 肩带织法：锁6针起针，钩3行短针，每2针加成4长针，钩成3条长条，再编成辫子，最后再用6短针收尾。
5. 袖窿领口圈织花边1，把肩带缝在前后片适当位置。

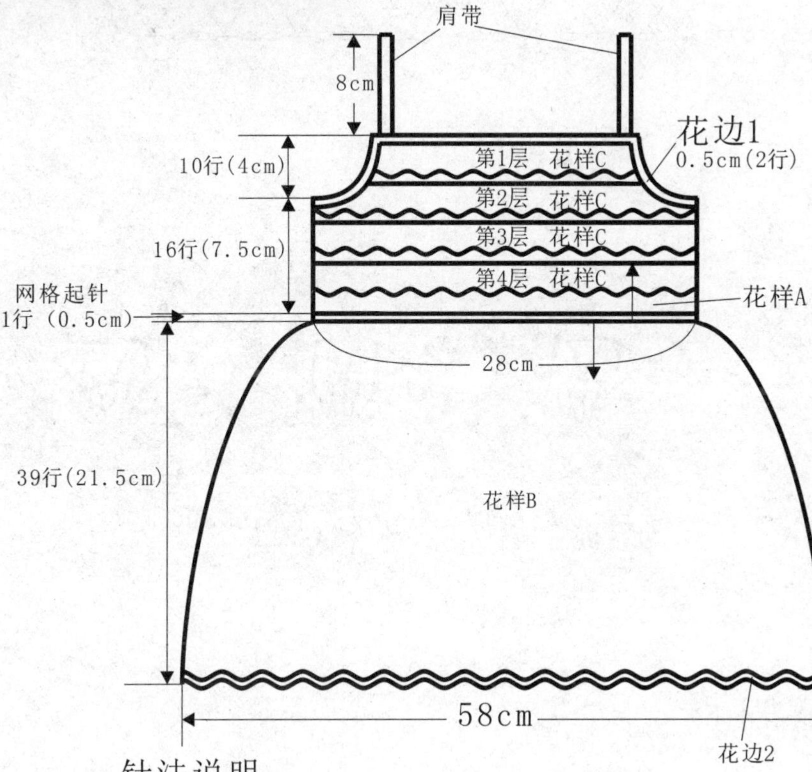

肩带

8cm

花边1
0.5cm(2行)

10行(4cm)　第1层　花样C
第2层　花样C
16行(7.5cm)　第3层　花样C
第4层　花样C
花样A

网格起针
1行（0.5cm）

28cm

肩带
1　2　3

约52行

3
2
1

39行(21.5cm)

花样B

58cm

花边2

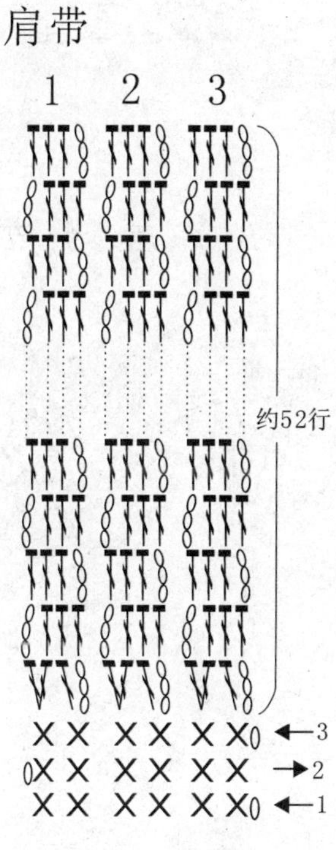

针法说明

○ = 锁针
X = 短针
X̄ = 逆短针
T = 中长针
干 = 长针
干 = 长长针
干 = 3卷长针
⊕ = 3长针的枣形针
木 = 2长针并1针
⊗ = 狗牙拉针
● = 引拔针
→ = 编织方向

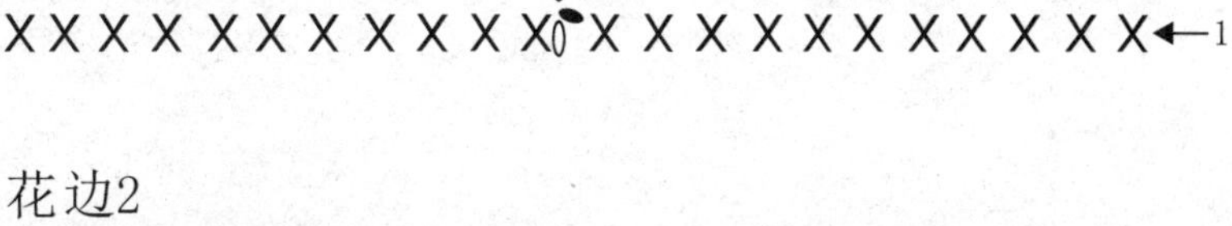

花边1

2
1

花边2

1

第1层木耳边（花样C）

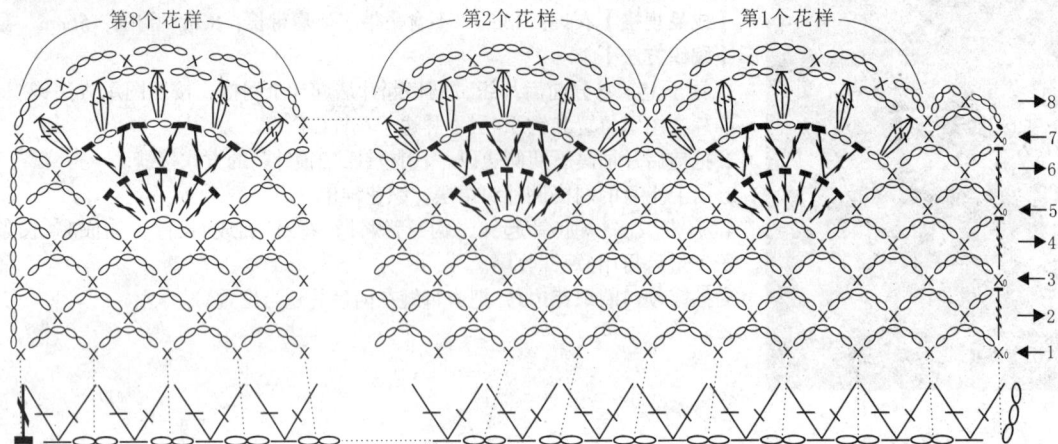

第8个花样　　　　　　　第2个花样　　　　　　第1个花样

→8
→7
→6
→5
→4
→3
→2
→1

第2层木耳边（花样C）

第12个花样　　　　　　　　　第2个花样　　　　　第1个花样

→8
→7
→6
←5
→4
→3
→2
←1

第3层、第4层木耳边（花样C）

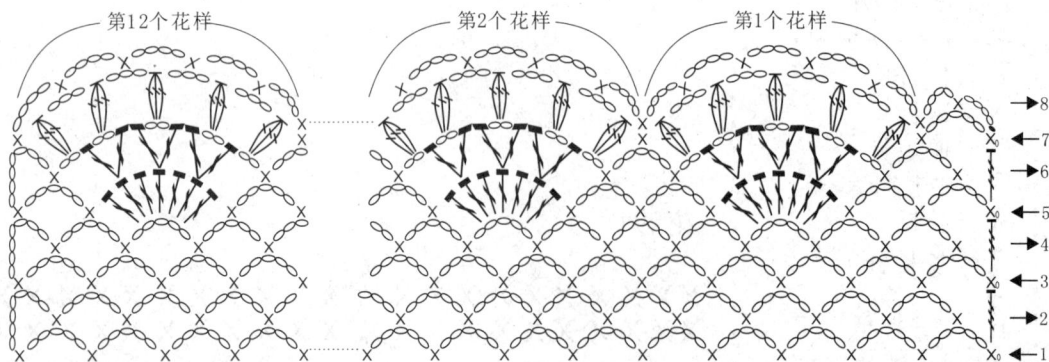

第12个花样　　　　　　　第2个花样　　　　　　第1个花样

→8
←7
→6
←5
→4
→3
→2
←1

上半身花样A（红色圆点表示木耳边的短针位置）

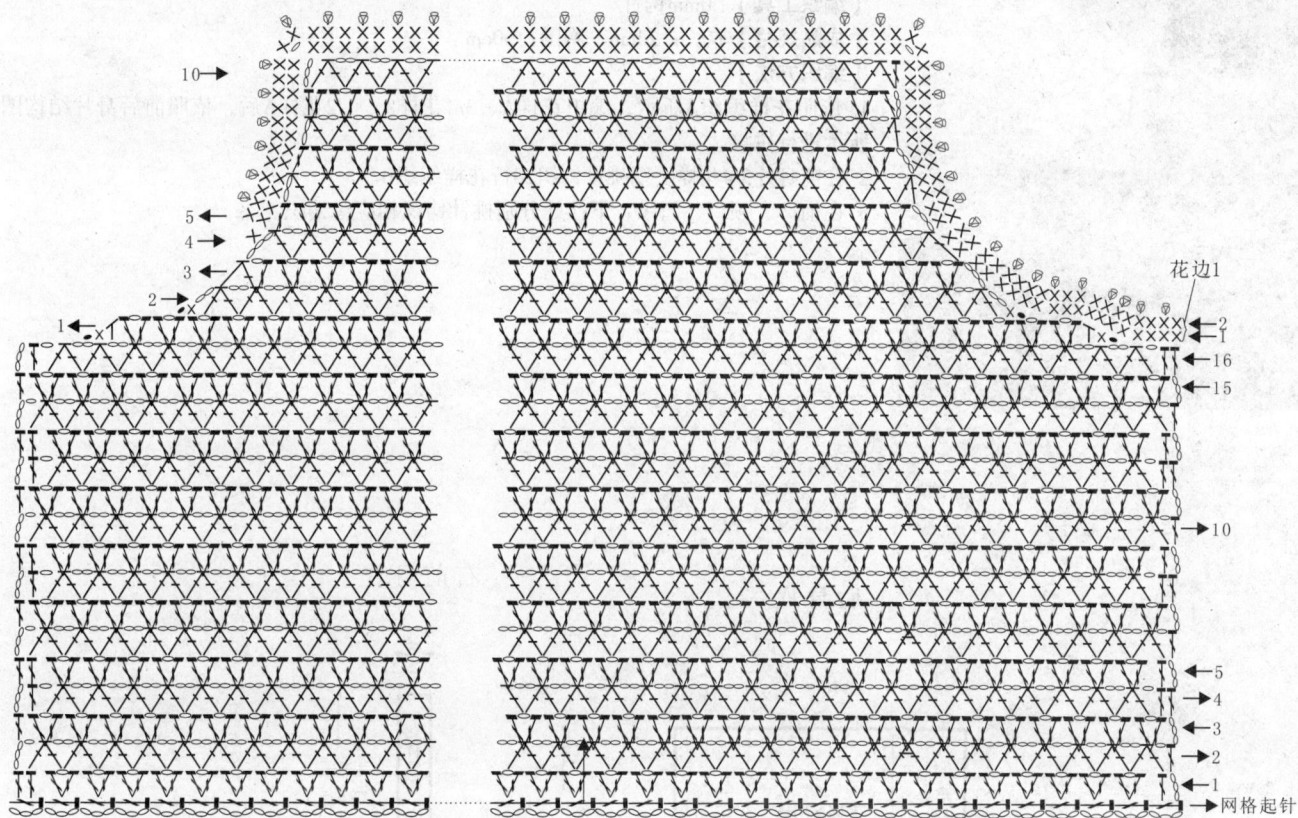

裙摆花样B

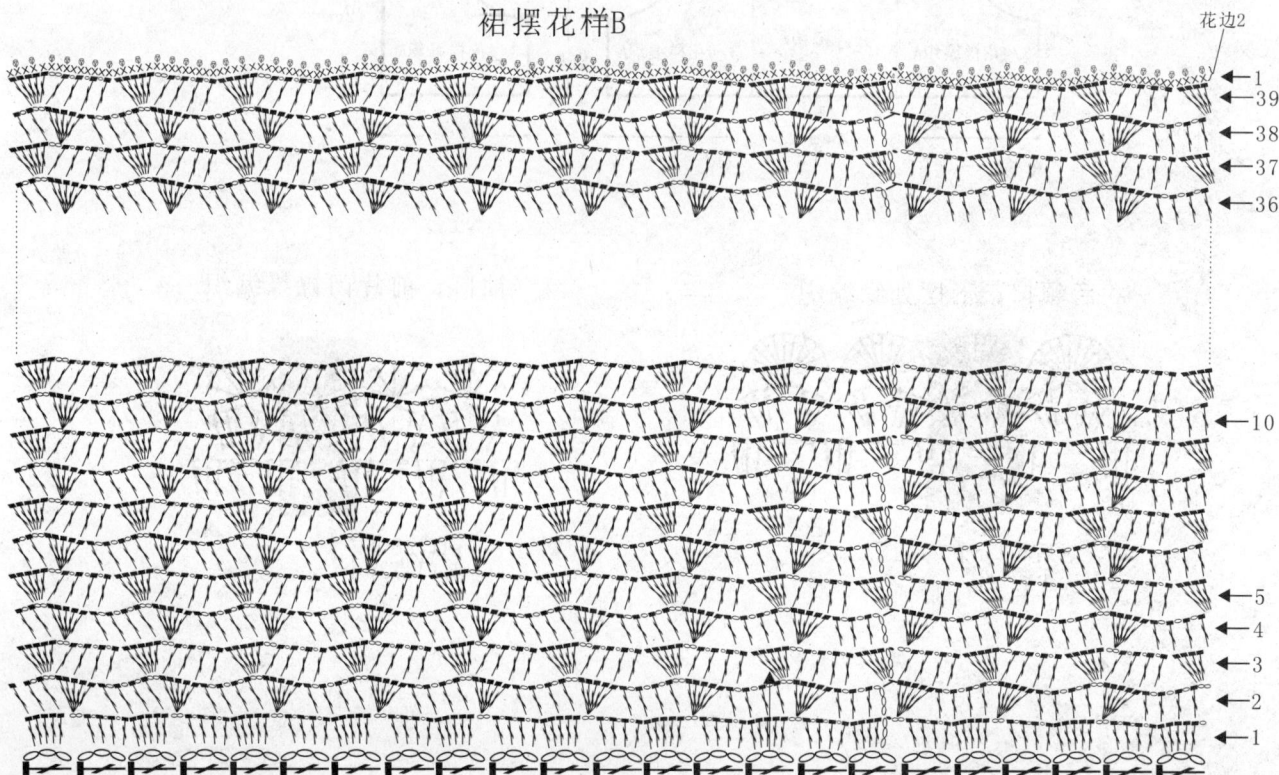

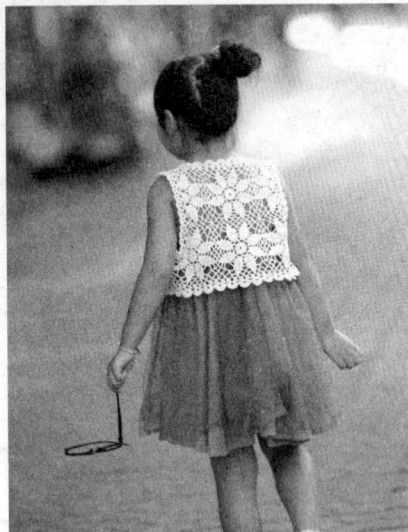

拼花小背心

【编织材料】白色蕾丝线100g
【编织工具】1.0mm钩针
【成品规格】衣长：24cm　胸围：60cm
【编织方法】
1. 依照花样编织A所示，编织花样A、3/4花样A、1/2花样A后，依照前后身片结构图所示进行拼接。
2. 在前身片3/4花样上端挑针钩织20行花样编织B。
3. 在袖口、领口、门襟、下摆处分别挑针钩织相应缘编织。

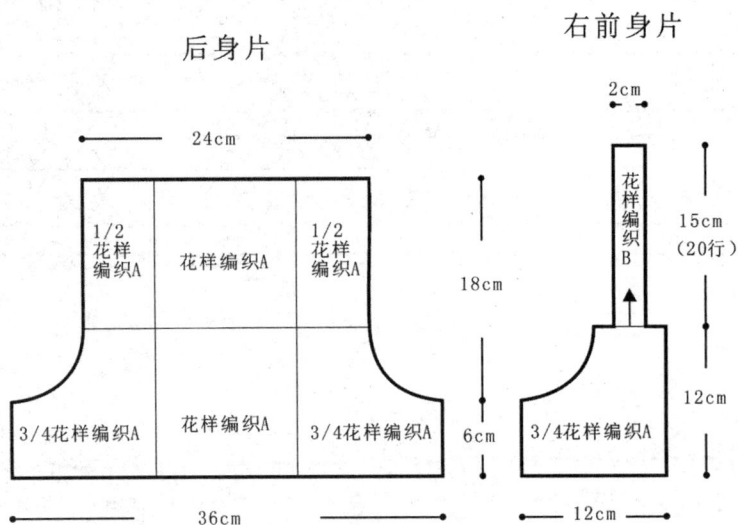

后身片

右前身片

2cm

24cm

| 1/2花样编织A | 花样编织A | 1/2花样编织A |

花样编织B

15cm（20行）

18cm

3/4花样编织A | 花样编织A | 3/4花样编织A

12cm

6cm

3/4花样编织A

36cm

12cm

后领口、下摆处缘编织

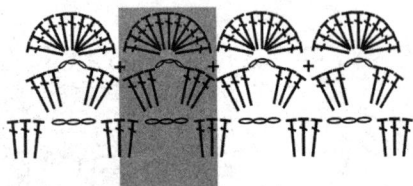

后领口5个
下摆18个

袖口、前片门襟缘编织

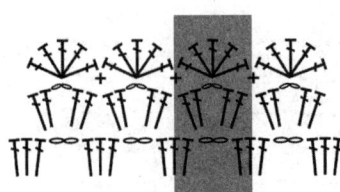

袖口28个
前门襟20个

花样编织B

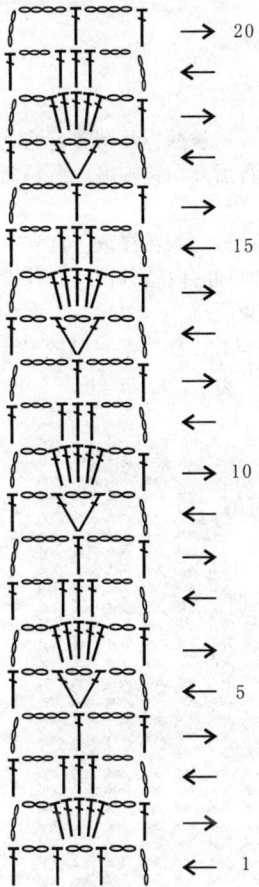

→ 20

←

→

←

→

← 15

→

←

→ 10

←

→

←

→

← 5

→

←

→

← 1

花样编织A

3/4花样编织A

1/2花样编织A

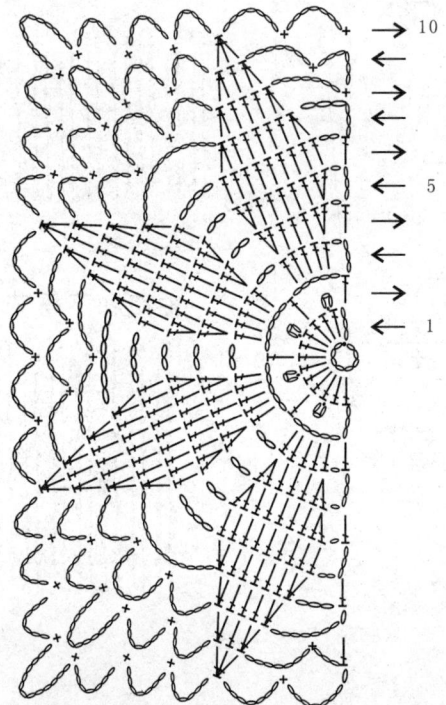

→ 10

←

→

←

→ 5

←

→

← 1

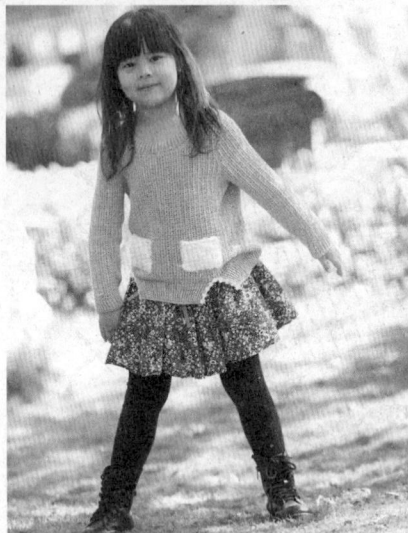

姜黄开叉毛衣

【编织材料】黄色蕾丝线380g，白色圈圈线少许
【编织工具】1.8mm钩针（衣服）、5.0mm钩针（口袋）
【成品规格】衣长：44cm　胸围：70cm
【编织方法】
1. 参照结构图，衣服分前片1片、后片1片和袖子2片组成。参照后片图解，从下摆起针，第1行157针锁针，第2行起钩花样，一直到第52行后开始钩袖隆。后领窝参照图解。
2. 参照前片图解，从下摆起针，第1行起157针锁针，第2行起钩花样，一直到第52行后开始钩袖隆。前领窝参照图解。参照袖子图解，从袖口起针，第1行起82针锁针，每行头尾加针一直到第50行开始钩袖隆，直到第74行结束。
3. 参照领口花边图解，袖口和下摆花边图解钩领口、袖口和下摆。参照口袋图解，钩口袋2片，与前片缝合。

结构图

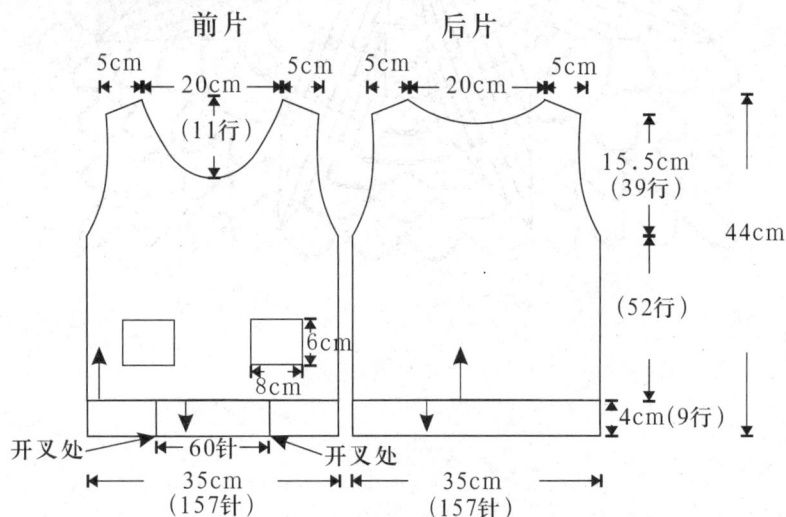

前片　　后片

袖子图解

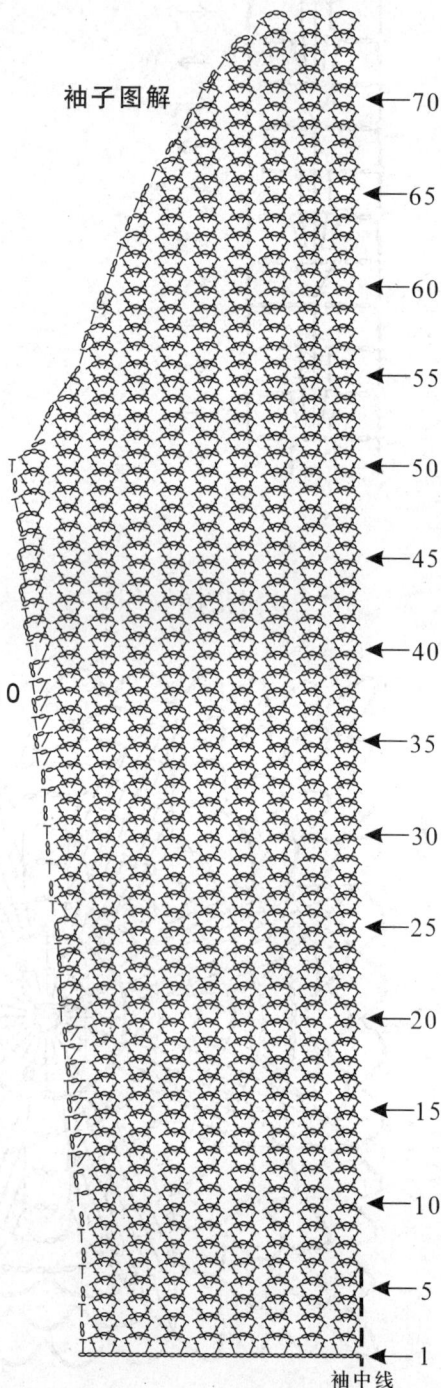

袖中线

袖子2片

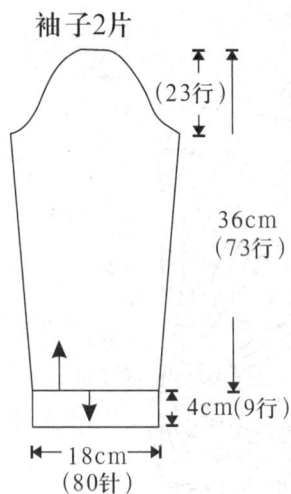

领口花边图解

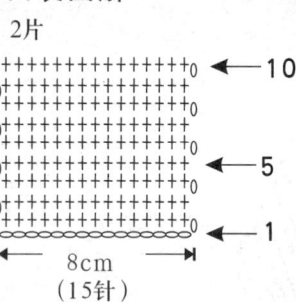

口袋图解

2片

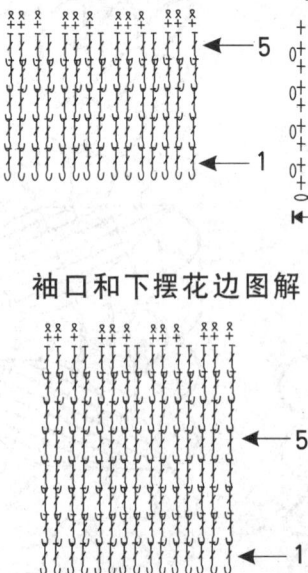

8cm
（15针）

袖口和下摆花边图解

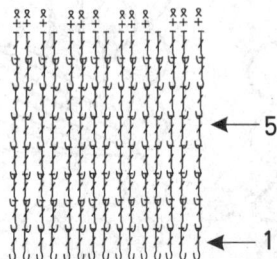

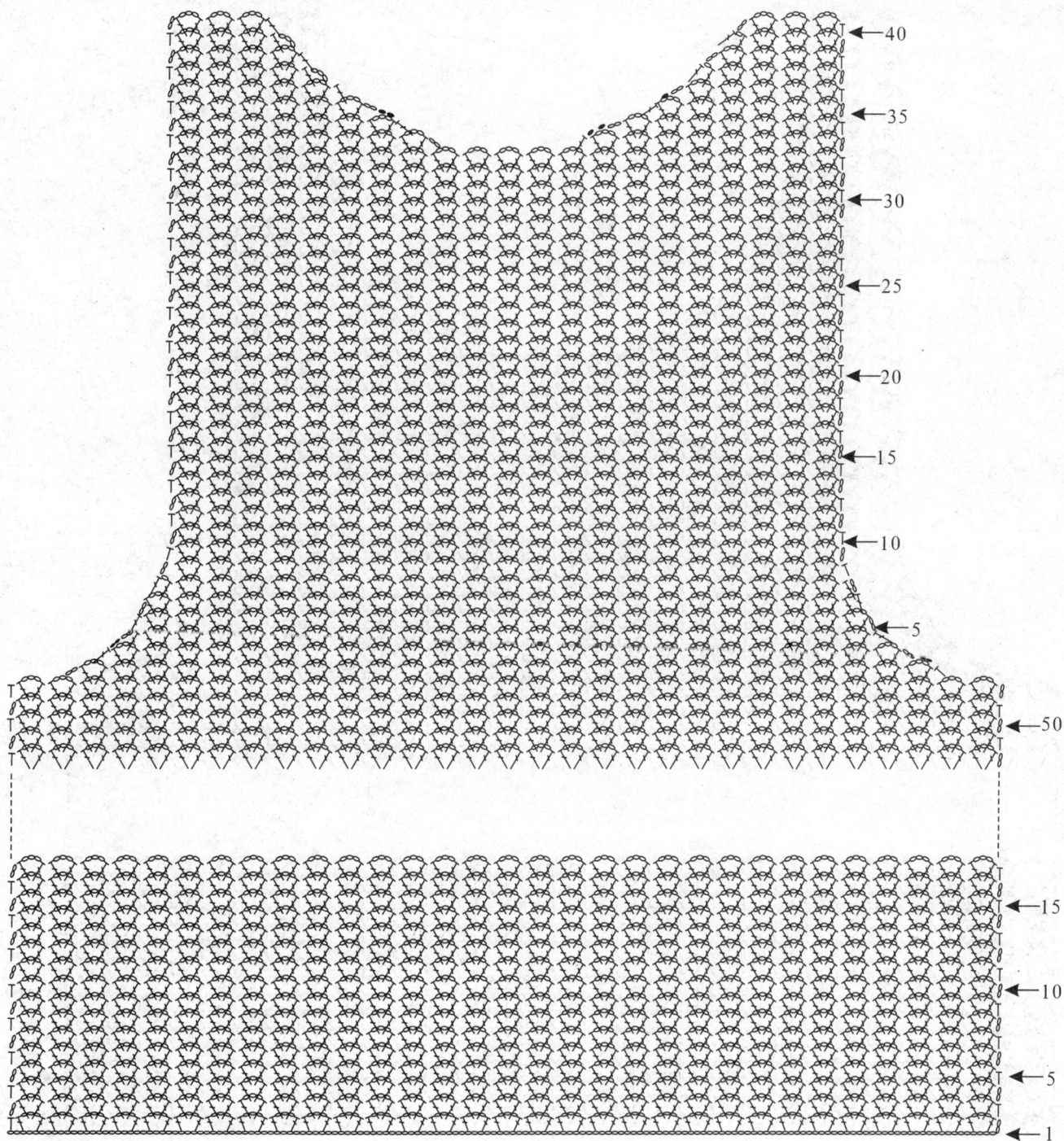

后片图解

← 40

← 35

← 30

← 25

← 20

← 15

← 10

← 5

← 50

← 15

← 10

← 5

← 1

前片图解

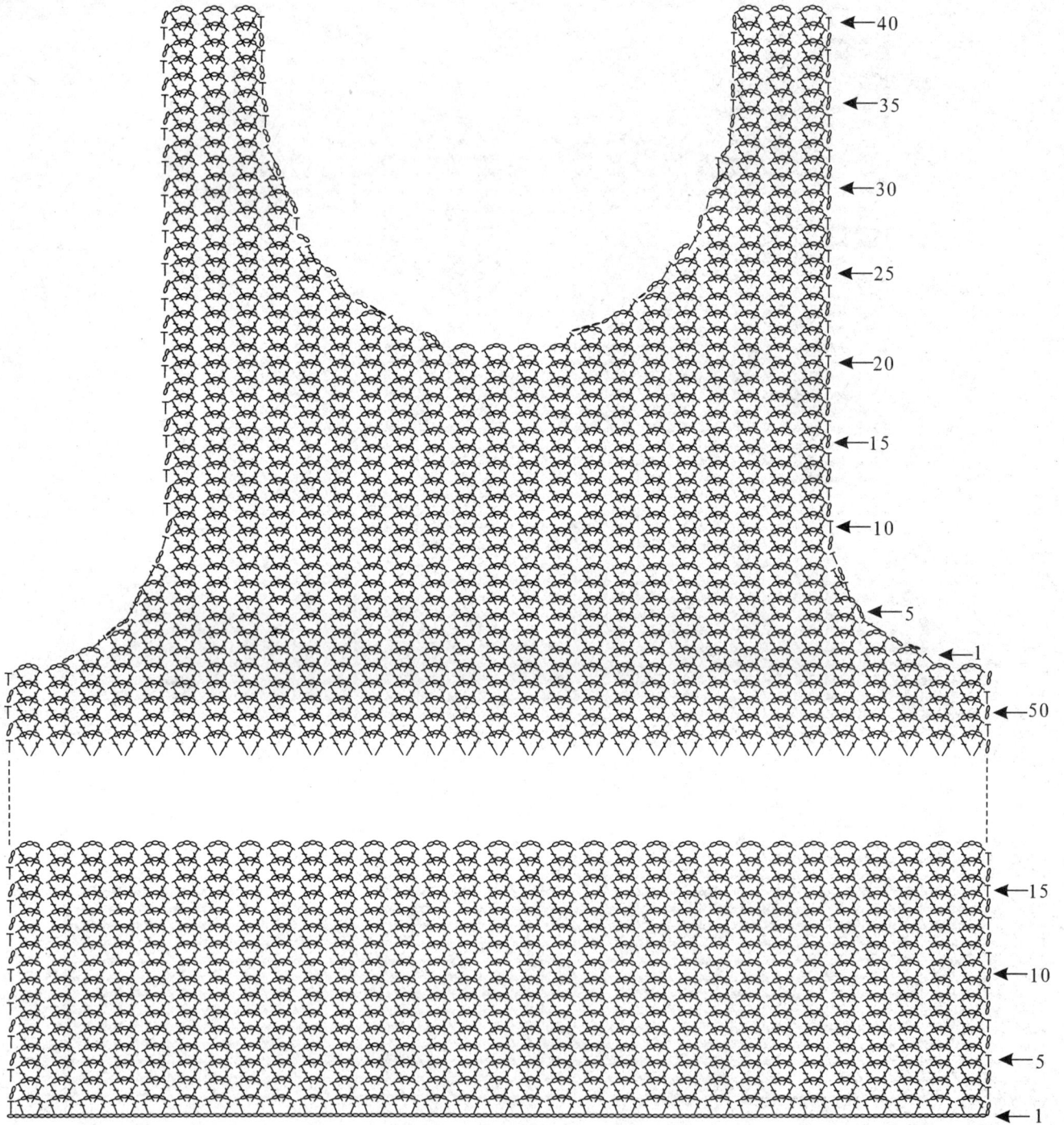

← 40
← 35
← 30
← 25
← 20
← 15
← 10
← 5
← 1
← 50

← 15
← 10
← 5
← 1

娃哈哈

【编织材料】西瓜红细棉线120g
【编织工具】1.5mm钩针
【成品规格】衣长：33cm 胸围：96cm
【编织方法】
1. 编织主体，前后身片一起钩，从底边起76个花样，钩29行（14.5个花样），后分3片钩，分片时，前片40个花样，后片一边18个花样，无须收袖窿，直上即可，分片时的中心是在花样的中间（花样图第2行的长针处）。
2. 在后门襟处挑针钩织11行缘编织A，在领口处挑针钩织4行缘编织A。
3. 在袖口处挑针钩织8行缘编织B，在下摆处挑针钩织5行缘编织C。

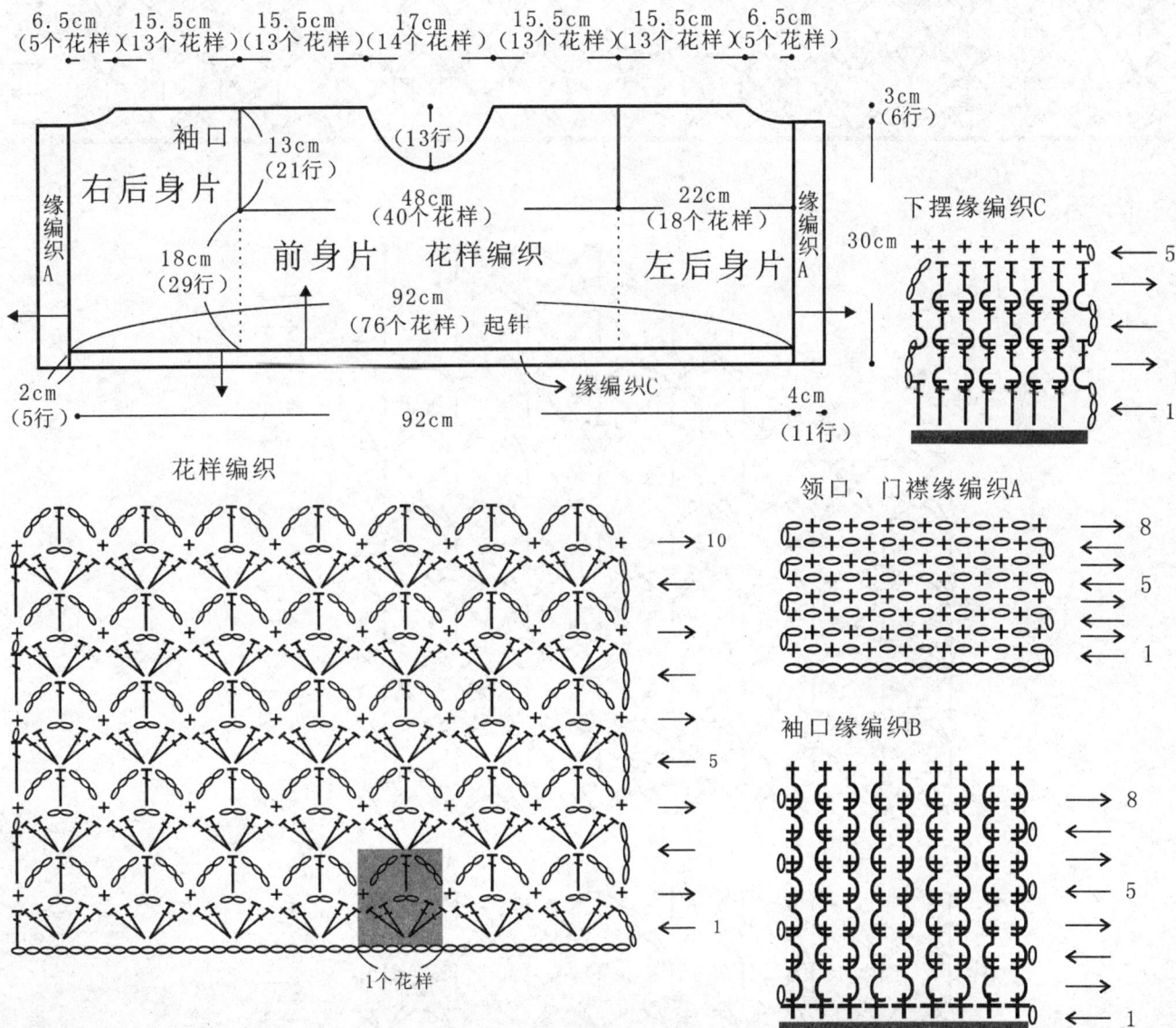

6.5cm　15.5cm　15.5cm　17cm　15.5cm　15.5cm　6.5cm
（5个花样）（13个花样）（13个花样）（14个花样）（13个花样）（13个花样）（5个花样）

3cm
（6行）

袖口
右后身片　13cm（21行）　（13行）

缘编织A　48cm（40个花样）　22cm（18个花样）　缘编织A

下摆缘编织C

18cm（29行）　前身片　花样编织　左后身片　30cm

92cm（76个花样）起针

2cm（5行）　缘编织C　4cm（11行）

92cm

花样编织

1个花样

领口、门襟缘编织A

8
5
1

袖口缘编织B

8
5
1

10
5
1

前领口编织示意图

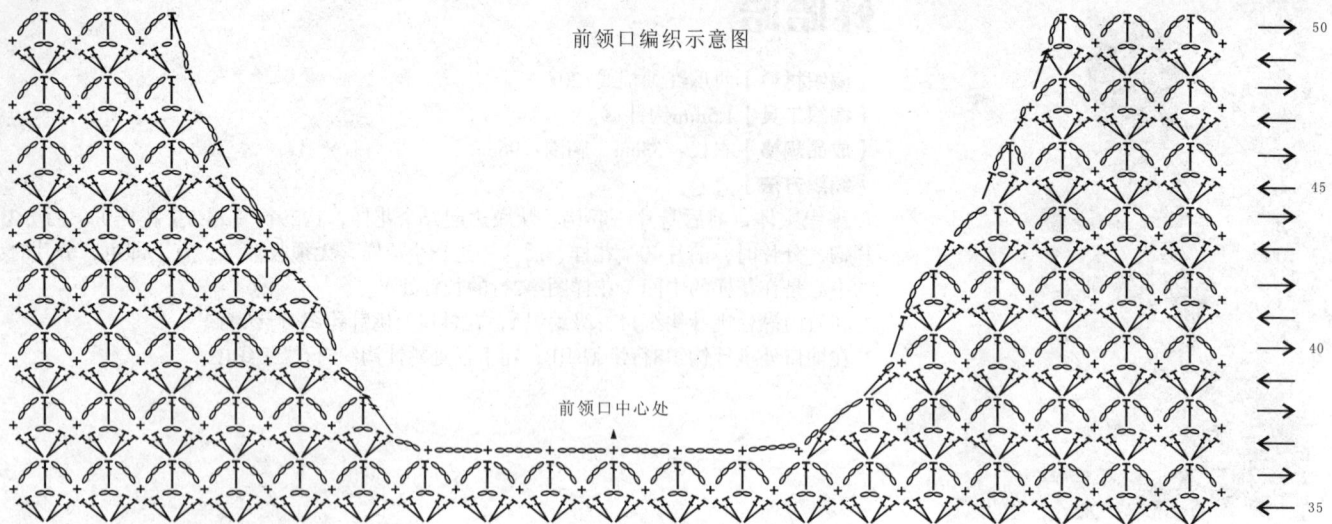

前领口中心处

后领口编织示意图

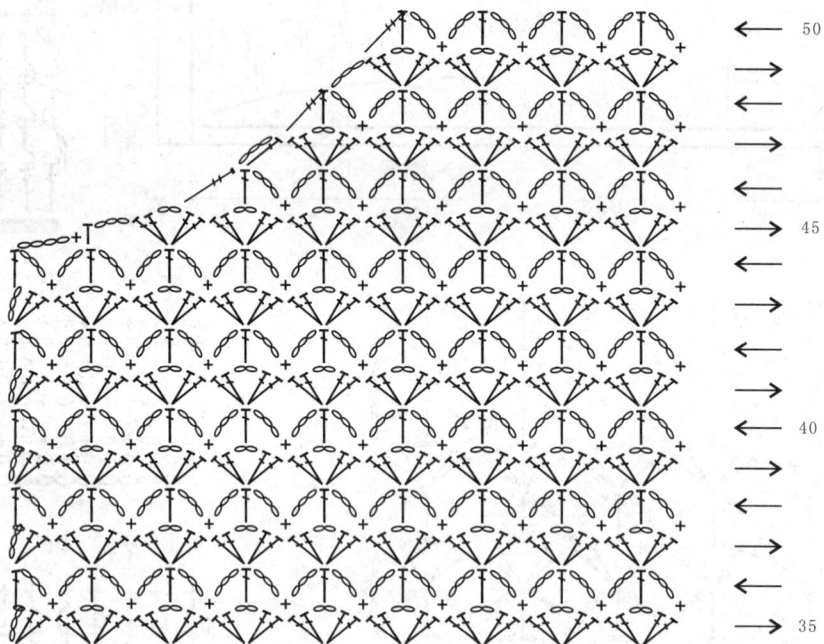

梨花调

【编织材料】烧毛棉200g，8cm白色蕾丝宽花边65cm左右
【编织工具】2.5mm钩针
【成品规格】胸围：60cm　衣长：40cm　肩宽：15cm　袖长：37cm
【编织方法】

1. 前片起101针往返编织花样A，后片绕环中心起针，在环内编织24针长针，先编织下面的圆形织片花样B，圆形上方两边补角，接着再继续往上织花样。
2. 袖子共2片，往返片织花样C。
3. 后片从底边往上留出7行不缝合，其余袖隆下两侧和前片用1短针、1锁针的方法缝合，袖片袖隆下对齐反面用钩针缝合，再与衣身袖隆处钩针缝合。
4. 沿领口、袖口、下摆开叉处钩指定数目的花边。
5. 剪一段8cm×9cm的花边作为口袋装饰，缝在前片胸口适当位置，余下花边，横向折叠成一边长、一边短的双层花边，将花边缝合在前片下摆的反面，在下摆两边拐角处各捏2个褶。

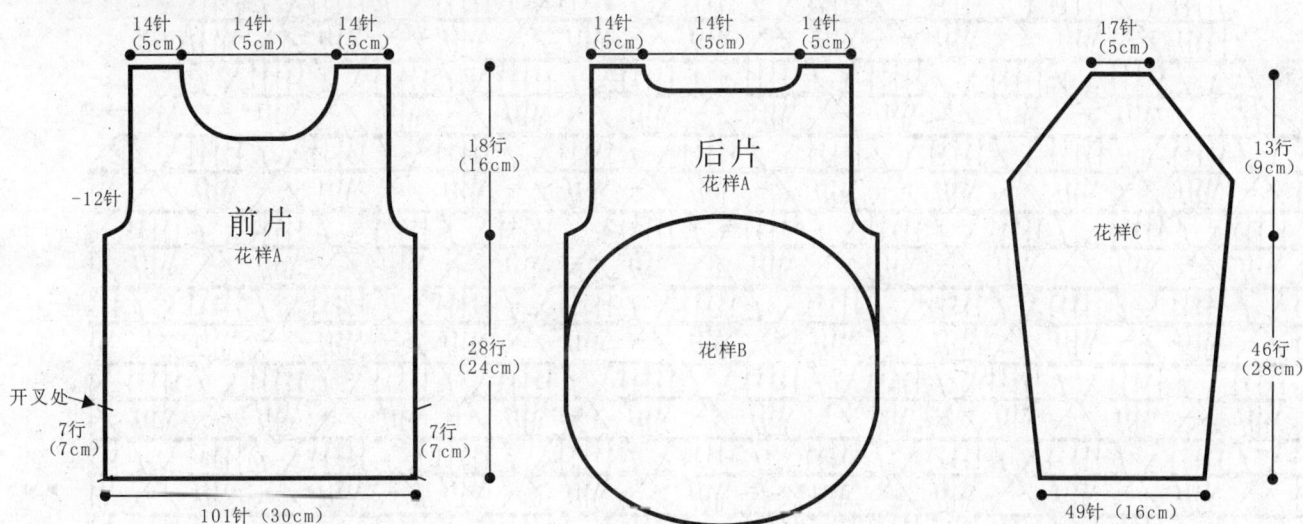

前片 花样A

14针（5cm）　14针（5cm）　14针（5cm）

-12针

18行（16cm）

28行（24cm）

开叉处

7行（7cm）　7行（7cm）

101针（30cm）

后片 花样A

14针（5cm）　14针（5cm）　14针（5cm）

花样B

花样C

17针（5cm）

13行（9cm）

46行（28cm）

49针（16cm）

符号说明

○＝锁针
×＝短针
T＝中长针
Ｆ＝长针
∧＝2短针并1针
Ａ＝2长针并1针
Ａ＝3长针并1针
●＝引拔针
＝2长针的枣形针

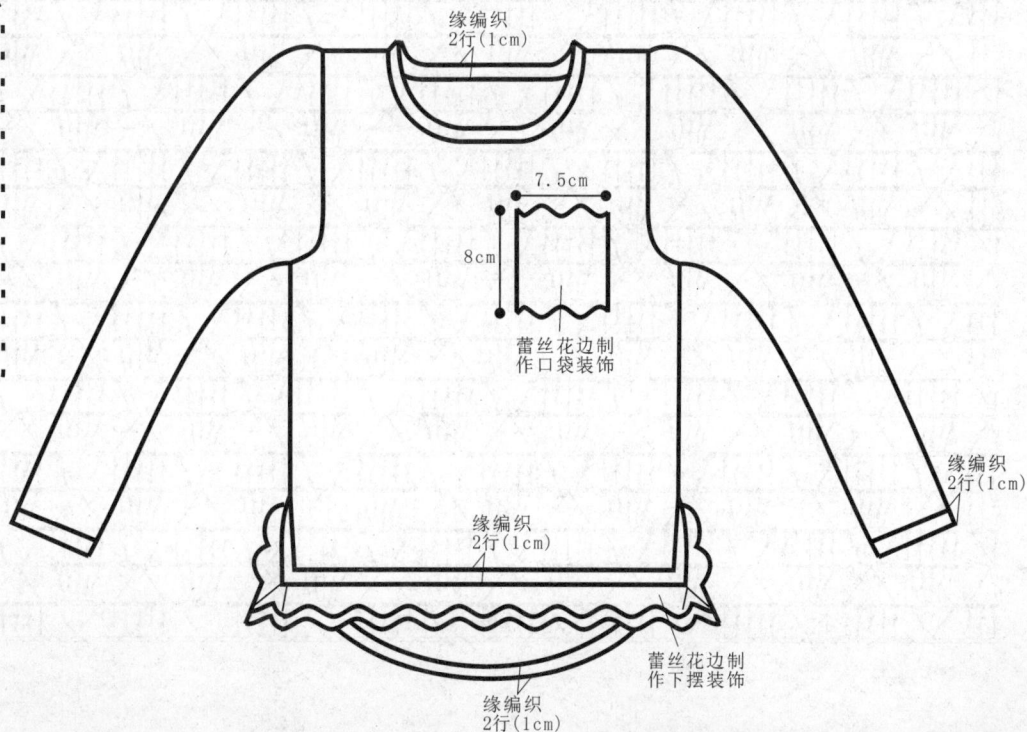

缘编织
2行（1cm）

7.5cm

8cm

蕾丝花边制作口袋装饰

缘编织
2行（1cm）

缘编织
2行（1cm）

缘编织
2行（1cm）

蕾丝花边制作下摆装饰

缘编织
2行（1cm）

→36
←35
→30
←25
→20
←15
→20
←15
→10
←5
→1

后片：

接线

→ 18
→ 15
→ 10
→ 5
→ 4
→ 3
→ 2
→ 1

×××××××××××××××××××××

9
8
7
6
5
4
3
2
1

9
8
7
6
5
4
3
2
1

本花样为99页姜黄色开叉毛衣主花样的补充说明：

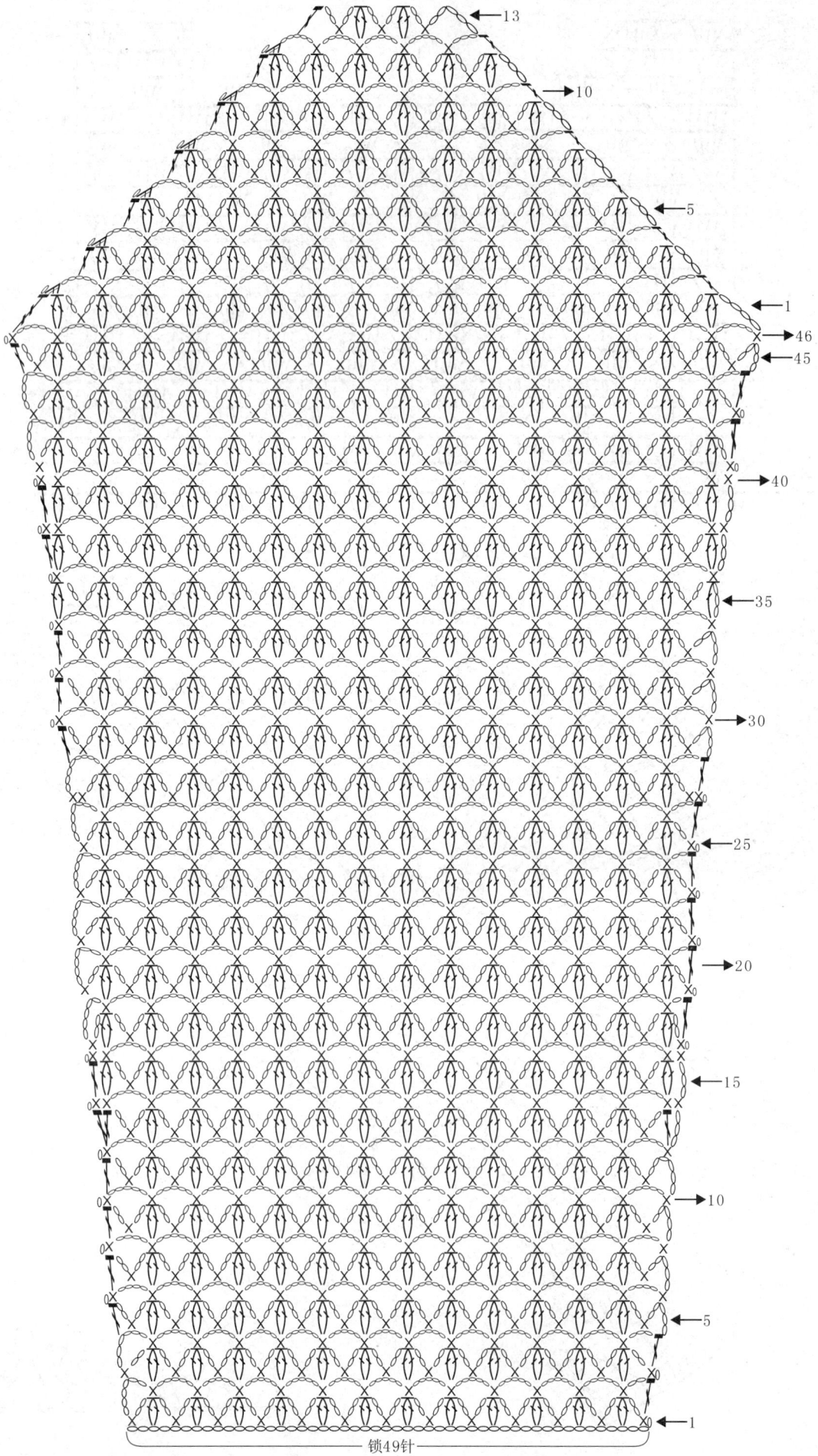

←13

→10

←5

→1

→46
←45

→40

←35

→30

←25

→20

←15

→10

←5

→1

锁49针

紫瞳

【编织材料】深紫色三七毛线165g
【编织工具】2.5mm钩针
【成品规格】胸围：64cm　衣长：39cm　袖长：20cm　上半身长：11cm
　　　　　　裙摆：102cm
【编织方法】

1. 先钩裙摆部分，2.5mm钩针锁121针起针，钩4行1个花样后，再钩23针辫子，断线，另一边也这样，只是不用断线了，两块连起来往返圈钩裙摆部分花样A，裙摆共44行。
2. 沿裙摆腰部按照图示针数和位置，挑针织左右前片和后片。
3. 袖片锁81针按照图示织花样A，26行后袖口开叉，开叉部分织6行后往上织40针锁针作为袖口的细带，接着返回钩一行短针，把开叉处包边，钩到另一侧再钩出40针锁针，沿40针锁针返回钩40针短针，使细绳变粗。
4. 前片和后片的肩部用钩针收边缝合。
5. 沿门襟边和领口钩2行花边，前片门襟下端缝合在裙摆上面。

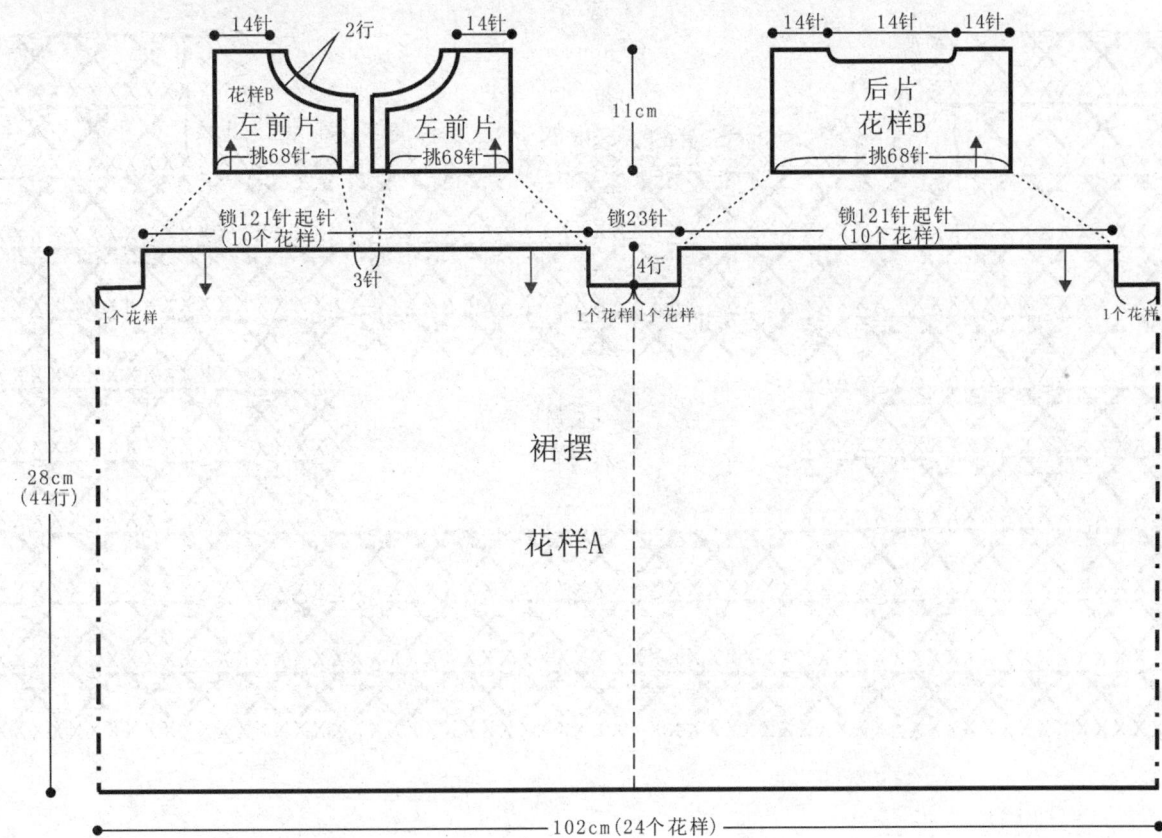

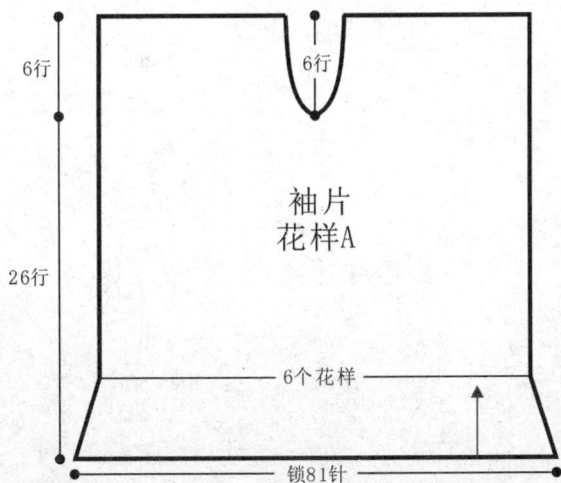

14针　　2行　　14针　　　　　　　14针　14针　14针

花样B　　　　　　　　　　　　　　11cm　　后片
左前片　　左前片　　　　　　　　　　　　花样B
↑挑68针　↑挑68针　　　　　　　　　　　↑挑68针

锁121针起针　　　　锁23针　　　锁121针起针
（10个花样）　　　　　　　　　　（10个花样）

3针　　　　　　　　　4行

1个花样　　　　　1个花样 1个花样　　　　　　　　　1个花样

裙摆

花样A

28cm
（44行）

102cm（24个花样）

6行　　　　　　6行

袖片
花样A

26行

6个花样

锁81针

针法说明

符号	说明	符号	说明
○	锁针	3长针的枣形针
×	短针	狗牙拉针
T	中长针	2短针并1针
↑	长针	2长针并1针
	引拔针	3长针并1针
	长长针	► 断线
	2长针的枣形针	▷ 接线

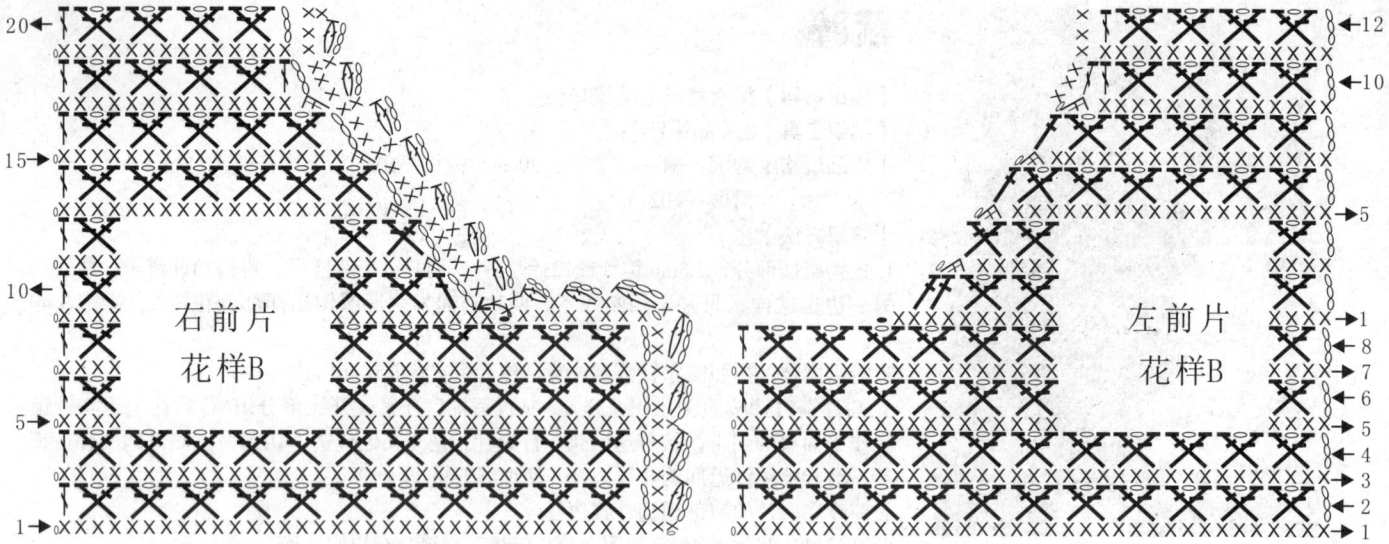

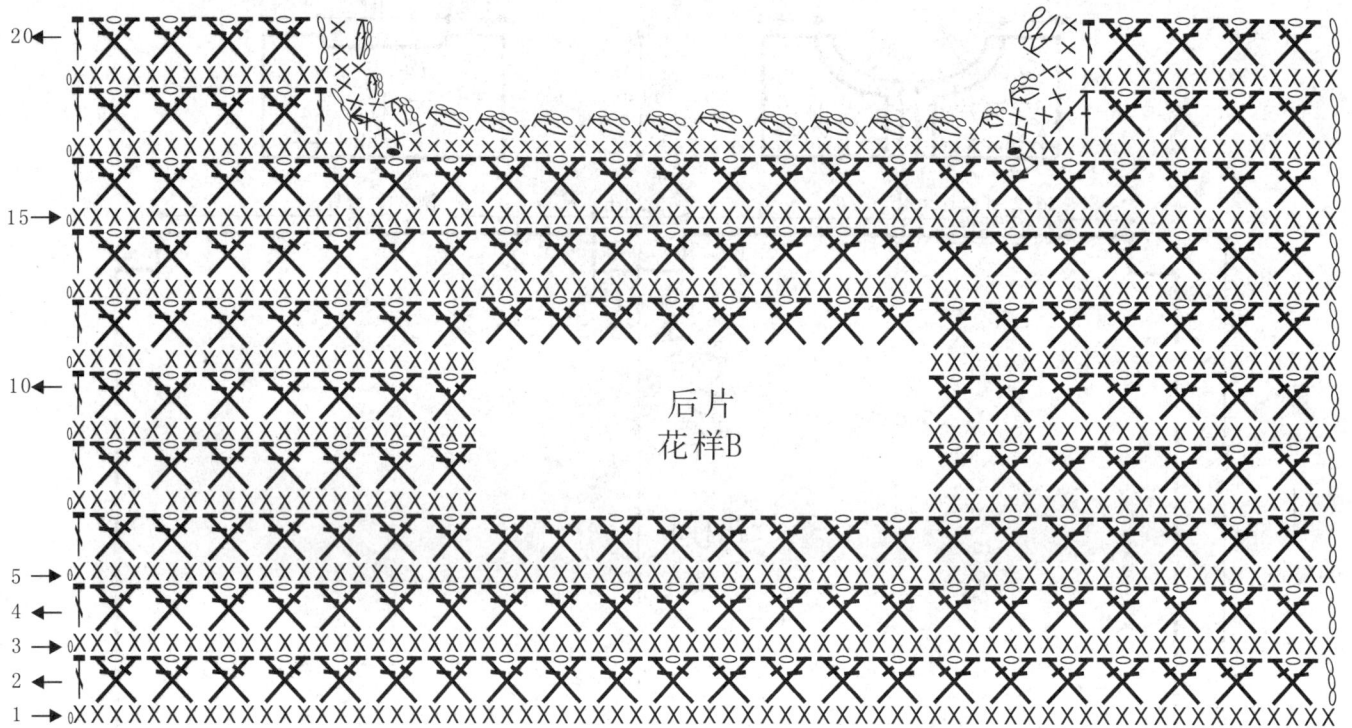

右前片
花样B

左前片
花样B

后片
花样B

收边

$\times \circ \times \circ \times \circ \times \circ \times \circ \times \circ \times_0 \leftarrow 1$

细绳编织方法

1 保留3倍于想编长度
的线头，从前向后
将线挂在钩针上。

2 针上挂线，从钩针上
的挂线和1个线圈中引
拔出。

3 从前向后地将线头挂
在钩针上。

4 从钩针上的挂线和1
个线圈中引拔出。

5 重复步骤3、4。最后
将锁针引拔出。

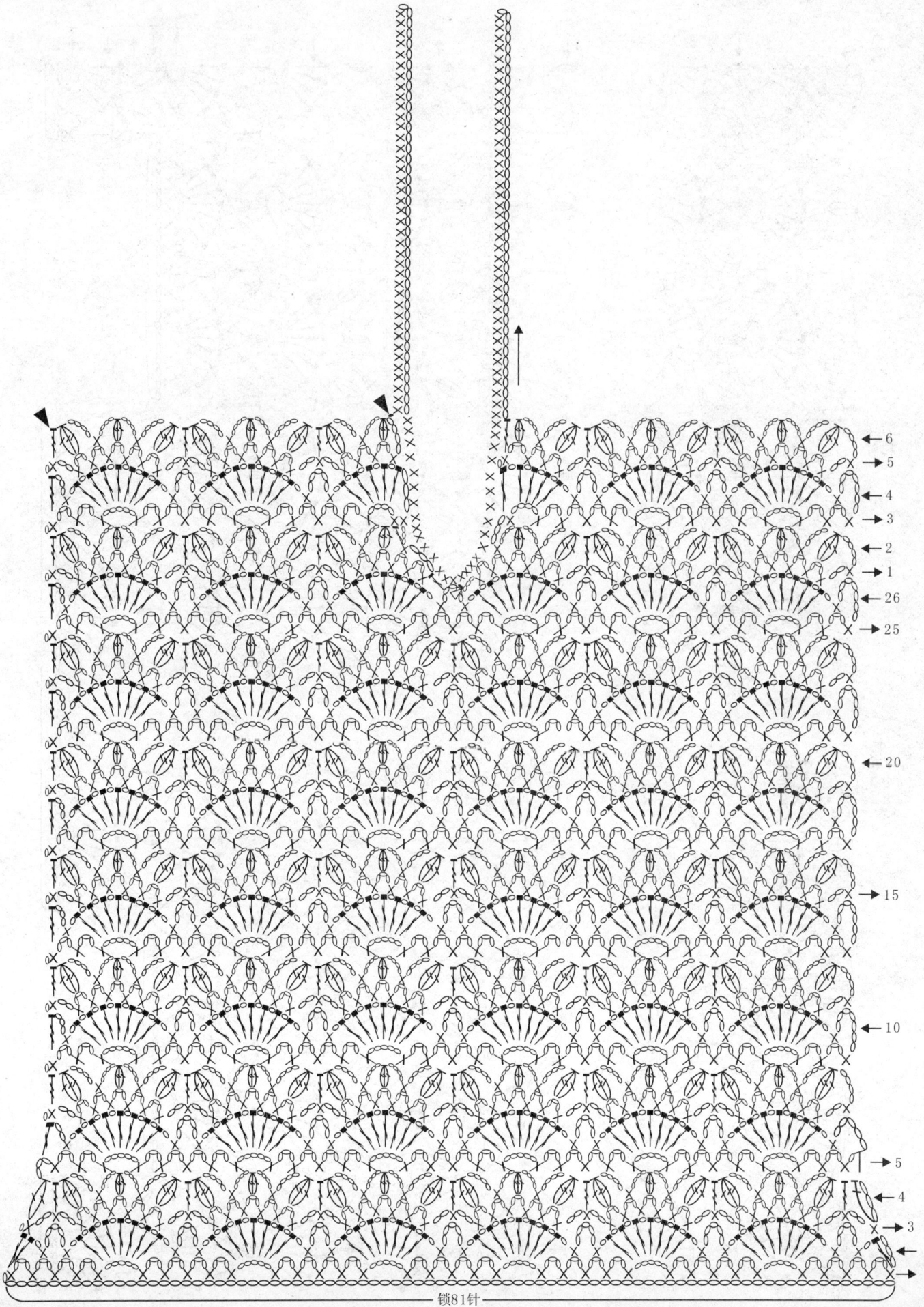

← 6
→ 5
← 4
→ 3
← 2
→ 1
← 26
→ 25

← 20

← 15

← 10

→ 5
← 4
→ 3
←
→

锁81针

44　　　40　　　　　　　20　　　　　15　　　　　10　　　　5　4　3　2　1

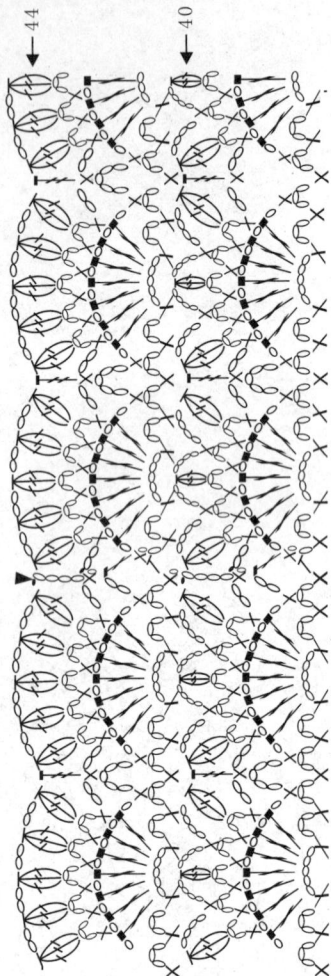

裙摆花样A

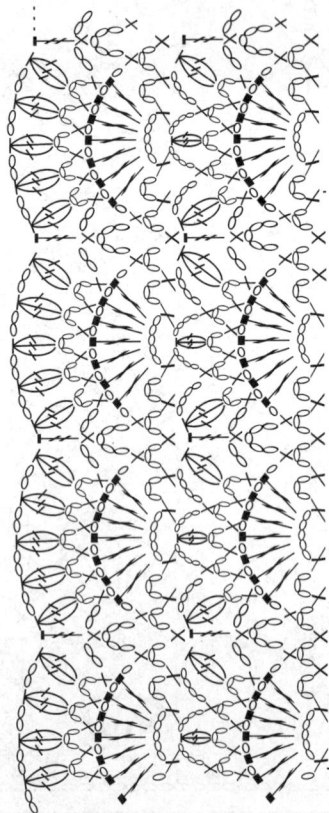
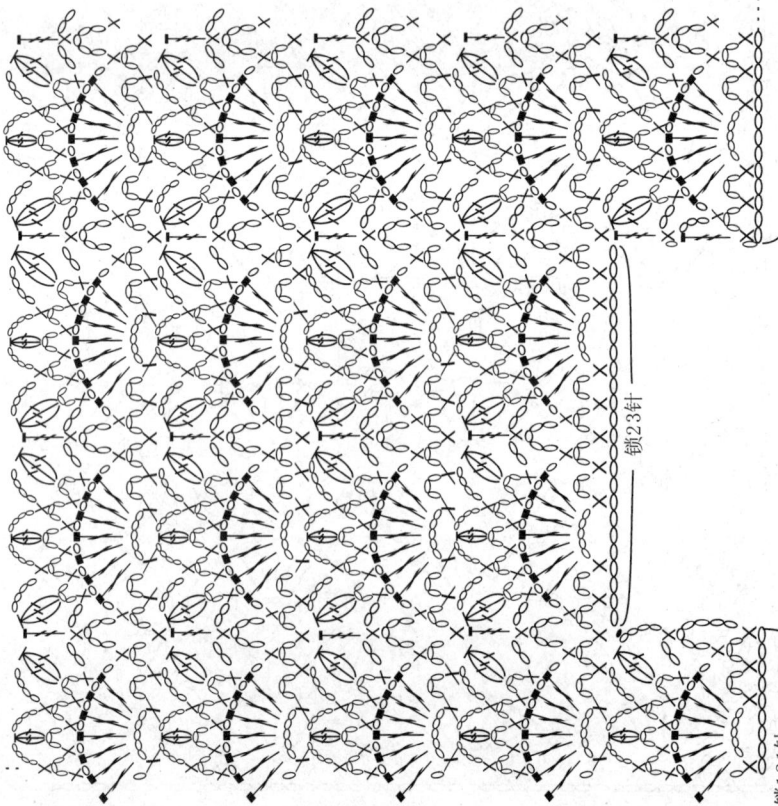

锁23针

锁121针

锁23针

锁121针

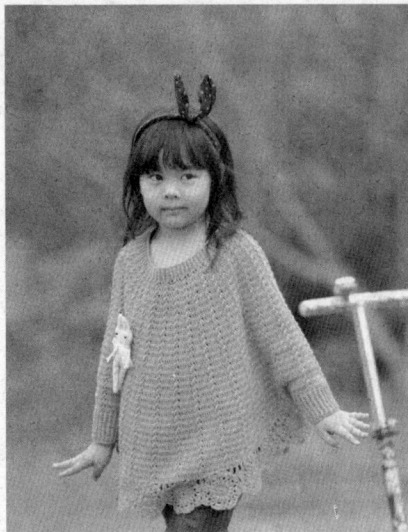

青苔

【编织材料】30支羊毛线3股加1股同色系的亮丝线250g
【编织工具】2.5mm可乐钩针
【成品规格】衣长：45cm 下摆宽：70cm
【编织方法】

1. 参照结构图和花样图解，从领口起针，第1行起144针锁针，第2行起参照花样图解，每钩4组花样重复1次，共重复9次，每行钩36组花样。逐层加针，一直到第58行。将第58行分4部分，袖口各50针，前后片各148针。

2. 参照下摆弧形图解，前后片各加长6行。前后片一起圈钩1行短针为花边。

3. 参照领口和袖口花边图解。领口花边钩6行。袖口花边钩11行。

4. 参照下摆单元花图解，钩20个单元花。参照拼花图解，每钩1个单元花与前1个单元花拼合。

结构图

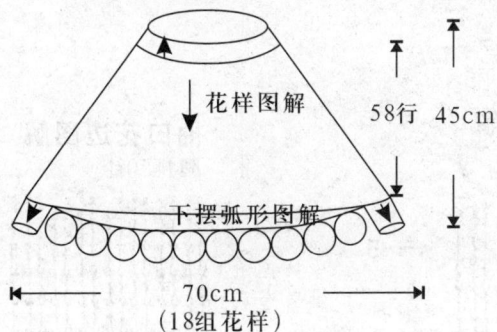

花样图解

↓花样图解

58行 45cm

下摆弧形图解

70cm
（18组花样）

花样图解

每4组花样重复，共重复9次，为36组花样。

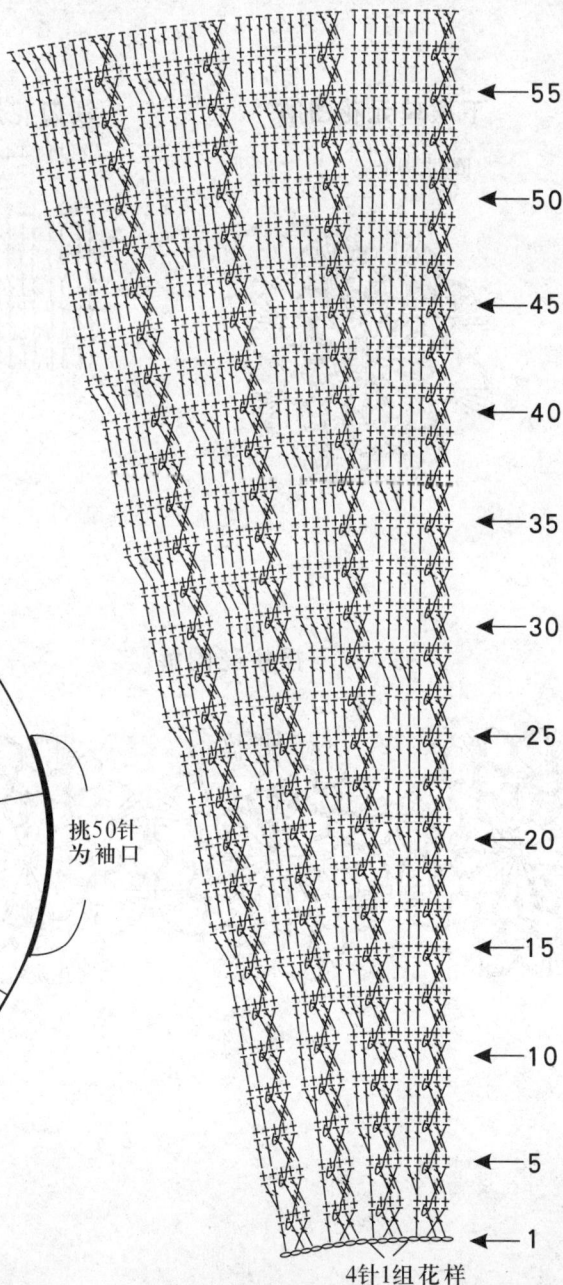

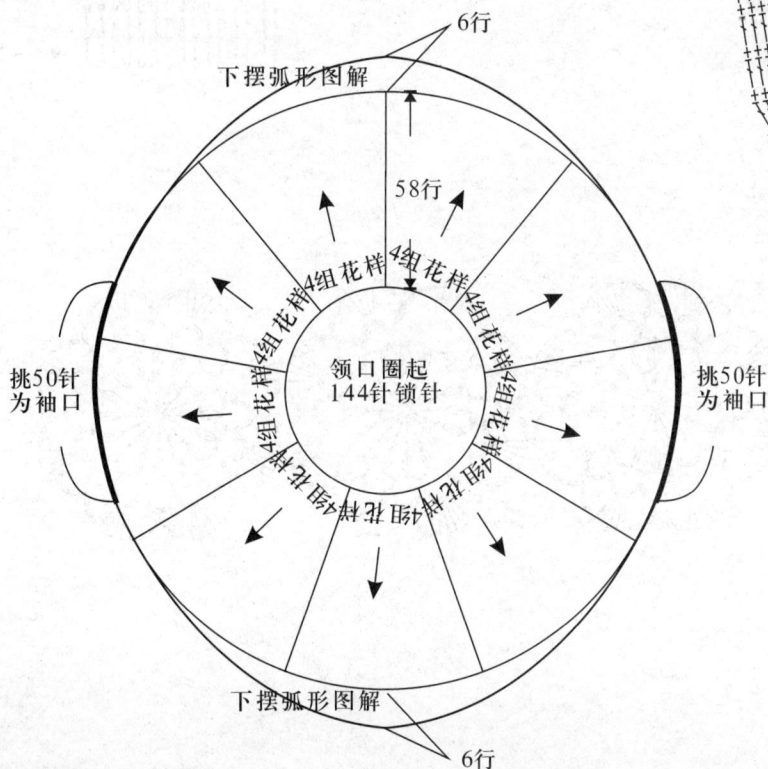

6行

下摆弧形图解

58行

4组花样 4组花样 4组花样

挑50针
为袖口

领口圈起
144针锁针

挑50针
为袖口

下摆弧形图解

6行

4针1组花样

下摆弧形图解

钩完前后片的下摆弧形图解6行后，前后片一起圈钩1行短针为花边。

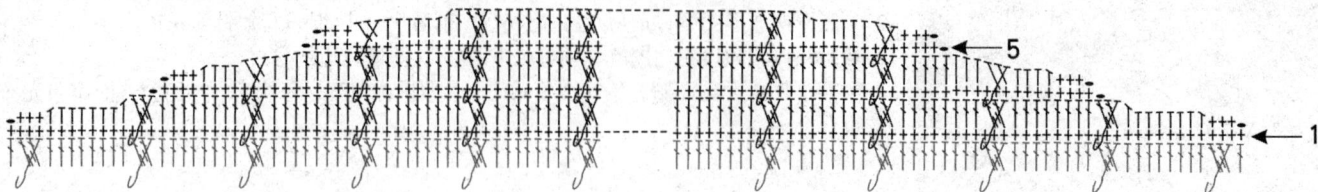

← 5

← 1

下摆单元花图解

圈拼20个

领口花边图解

圈挑144针

← 5

← 1

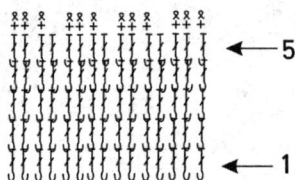

袖口花边图解

圈挑50针

← 10

← 5

← 1

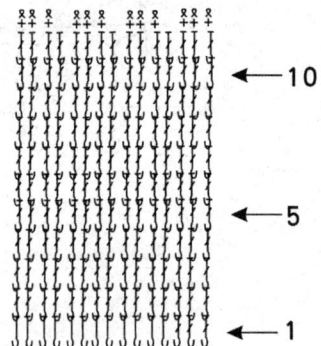

下摆拼花图解

金麻

【编织材料】 金丝圈圈线300g

【编织工具】 2.75mm、3.25mm棒针，1.8mm钩针

【成品规格】 衣长：42.5cm　胸围：100cm　连肩袖长：37cm

【编织方法】

1. 后片：手指绕线起针，编织双罗纹，接着按照花样编织，20针1花样，起初共7条麻花，左右肩线中间3条，肩线两边2条，织花样的同时在腋下两侧边按照图示方法慢慢加针。腋下共编织86行，后在袖口收针处做好记号，继续往上不加减织51行。肩部做休针地往返编织，领口按照图示减针。

2. 前片：和后片一样起针，领口做伏针和侧边1针减针。

3. 组合：肩部拼接，腋下要缝合至袖口收针处。

4. 袖片：沿袖窿一圈挑56针，圈织双罗纹。

5. 领：沿领口挑108针织领边。

前片

52针(20cm)　42针(17cm)　52针(20cm)

往返编织 2-4-13

往返编织 2-4-13

袖口收针处

前片
花样编织
3.25mm针

4-1-3
8-1-2
9-1-1
3-1-1
12-1-1
5-1-1
2-1-3
3-1-1

双罗纹　2.75mm针

120针(38cm)

后片

52针(20cm)　42针(17cm)　52针(20cm)

往返编织 2-4-13

往返编织 2-4-13

后片
花样编织
3.25mm针

4-1-3
8-1-2
9-1-1
3-1-1
12-1-1
5-1-1
2-1-3
3-1-1

双罗纹　2.75mm针

120针(38cm)

27行(8cm)

51行(10.5cm)

66行(20cm)

20行(4cm)

4行(2.5cm)

挑108针

65行(14.5cm)

挑56针

袖片
双罗纹
2.75mm针

布贴

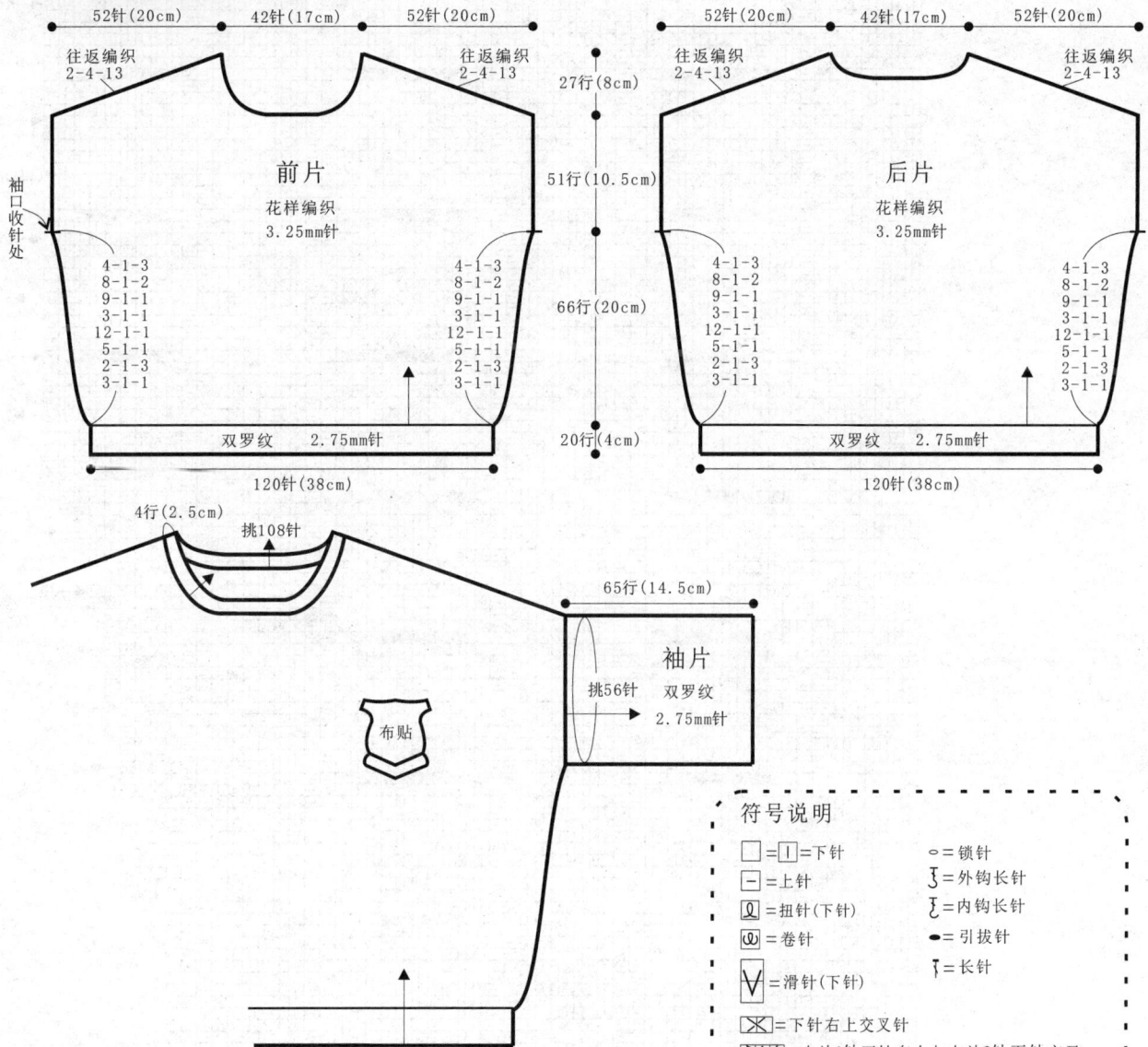

领边编织花样

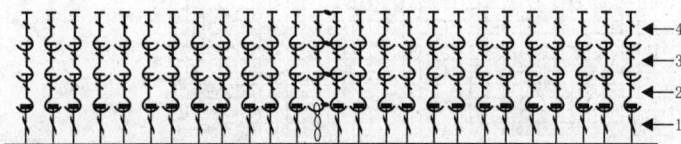

← 4
← 3
← 2
← 1

符号说明

□ = Ｉ = 下针　　o = 锁针

一 = 上针　　ƒ = 外钩长针

ℓ = 扭针(下针)　　ƒ = 内钩长针

ɯ = 卷针　　• = 引拔针

Ⅴ = 滑针(下针)　　Ⅰ = 长针

⧓ = 下针右上交叉针

⧓ = 右边1针下针在上与左边2针下针交叉

⧓ = 下针右上2针交叉

⧓ = 右边3针下针在上与左边2针下针交叉

⧓ = 下针右上3针交叉

⧓ = 下针右上4针交叉

⧓ = 下针右上5针交叉

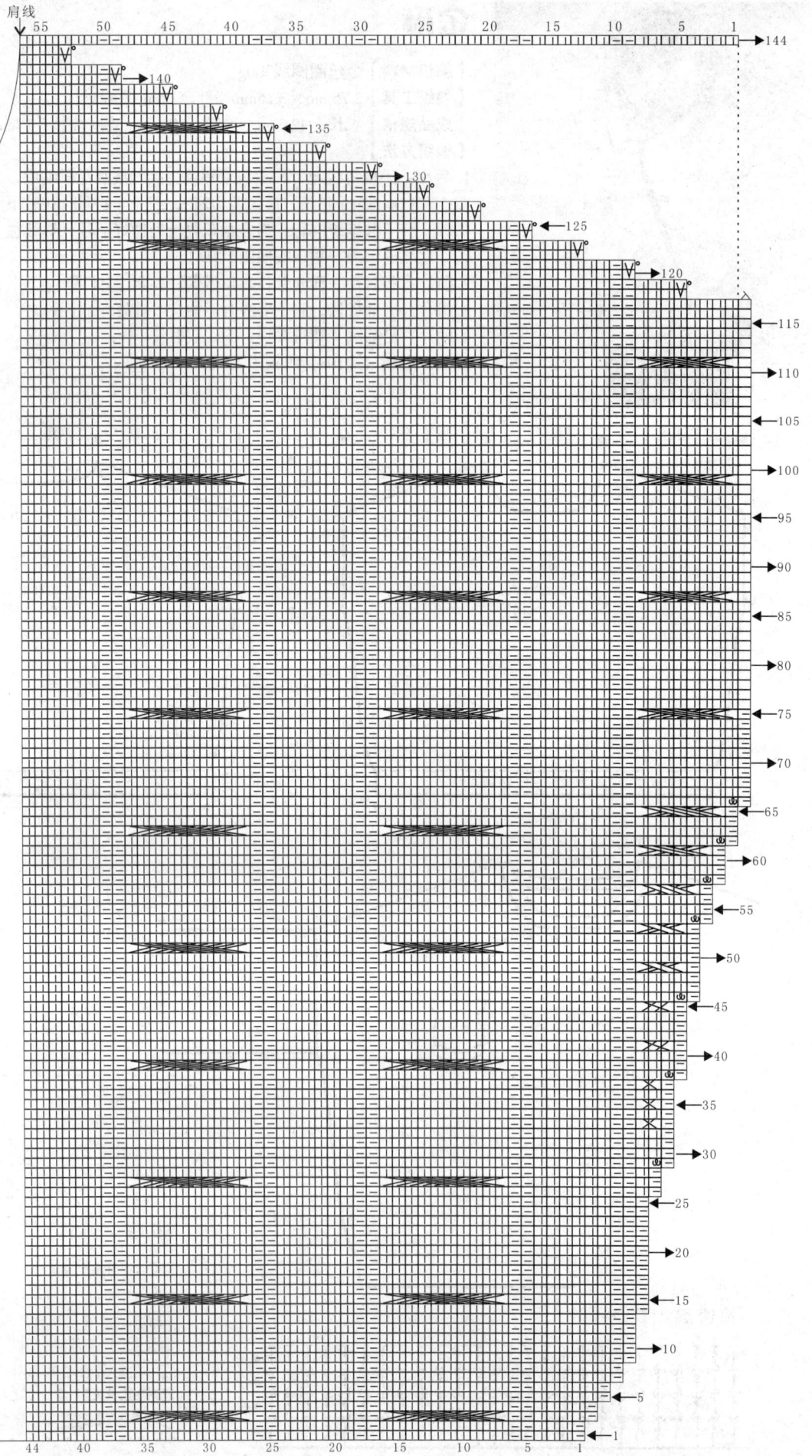

肩线

千千结

【编织材料】30支羊毛线285g，3股并织
【编织工具】2.5mm钩针
【成品规格】胸围：90cm 衣长：42cm 袖长：30cm
【编织方法】
1. 按照前片、后片以及袖片的针法图，分别编织花样A，并按照图示挖前领窝和后领窝。
2. 组合：前后片腋下按照图上标记处对齐，反面以短针的锁针缝合，后片比前片稍长，下摆开叉，肩部、袖下做短针的锁针缝合，袖片与袖隆处缝合也是短针的锁针缝合的方法。
3. 前后片下摆片织花样B，袖口圈织花样B，沿下摆以及开叉处、袖口编织1行逆短针包边。
4. 参照领口花边针法图示，沿领口编织2行花边。

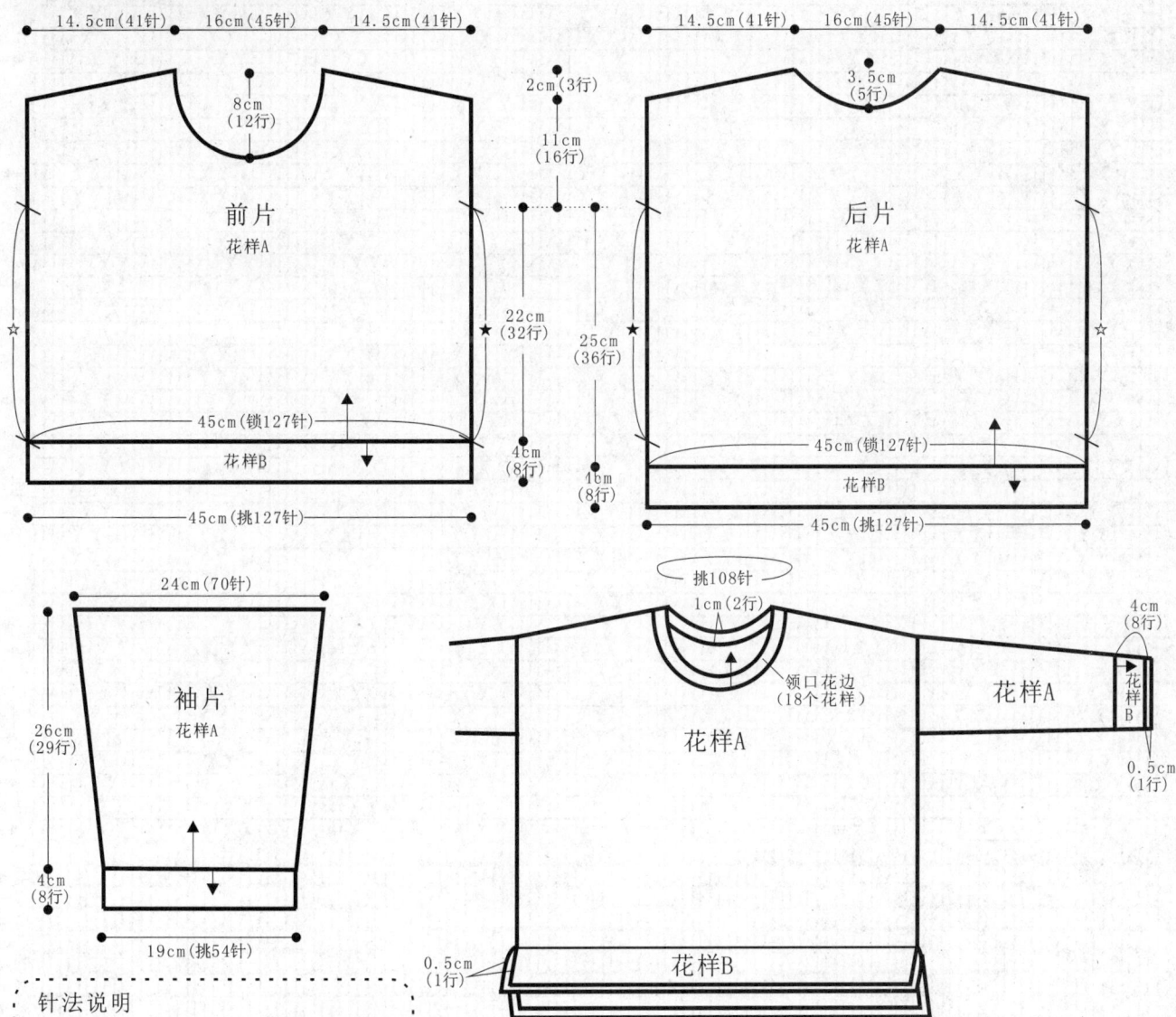

前片
花样A
14.5cm(41针) 16cm(45针) 14.5cm(41针)
8cm(12行)
45cm(锁127针)
花样B
45cm(挑127针)

后片
花样A
14.5cm(41针) 16cm(45针) 14.5cm(41针)
3.5cm(5行)
2cm(3行)
11cm(16行)
22cm(32行)
25cm(36行)
4cm(8行)
1cm(8行)
45cm(锁127针)
花样B
45cm(挑127针)

袖片
花样A
24cm(70针)
26cm(29行)
4cm(8行)
19cm(挑54针)

挑108针
1cm(2行)
领口花边(18个花样)
花样A
花样A
4cm(8行)
花样B
0.5cm(1行)
花样B
0.5cm(1行)

针法说明

- ○ =锁针
- × =短针
- T =中长针
- ↑ =长针
- ● =引拔针
- ‡ =长长针
- ⚭ =5针中长针的变形枣形针
- ∫ =外钩长针
- ∫ =内钩长针
- ▽ =狗牙拉针
- ∧ =2长针并1针
- x̄ =逆短针
- → =编织方向

前片针法图示

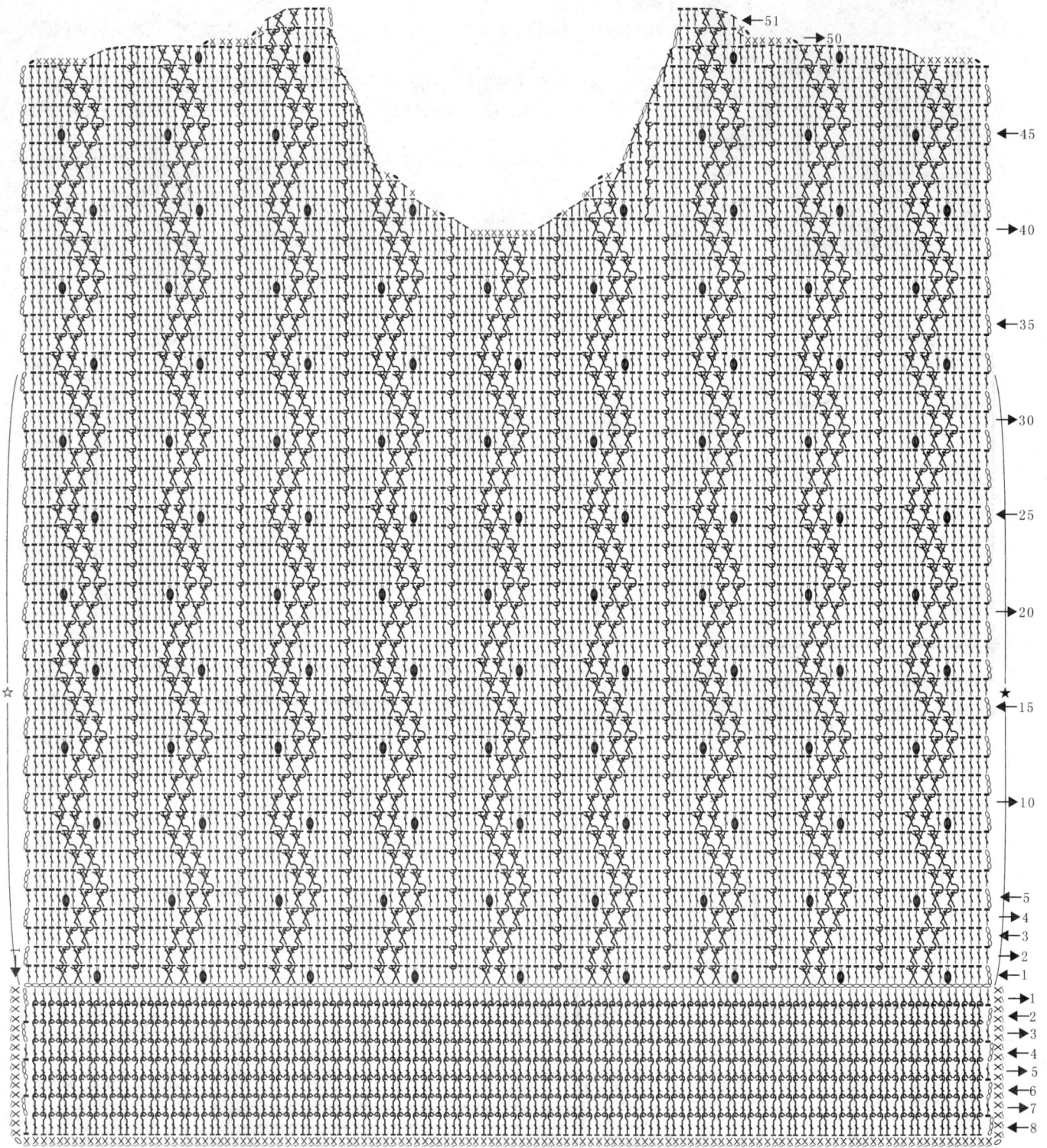

后片针法图示

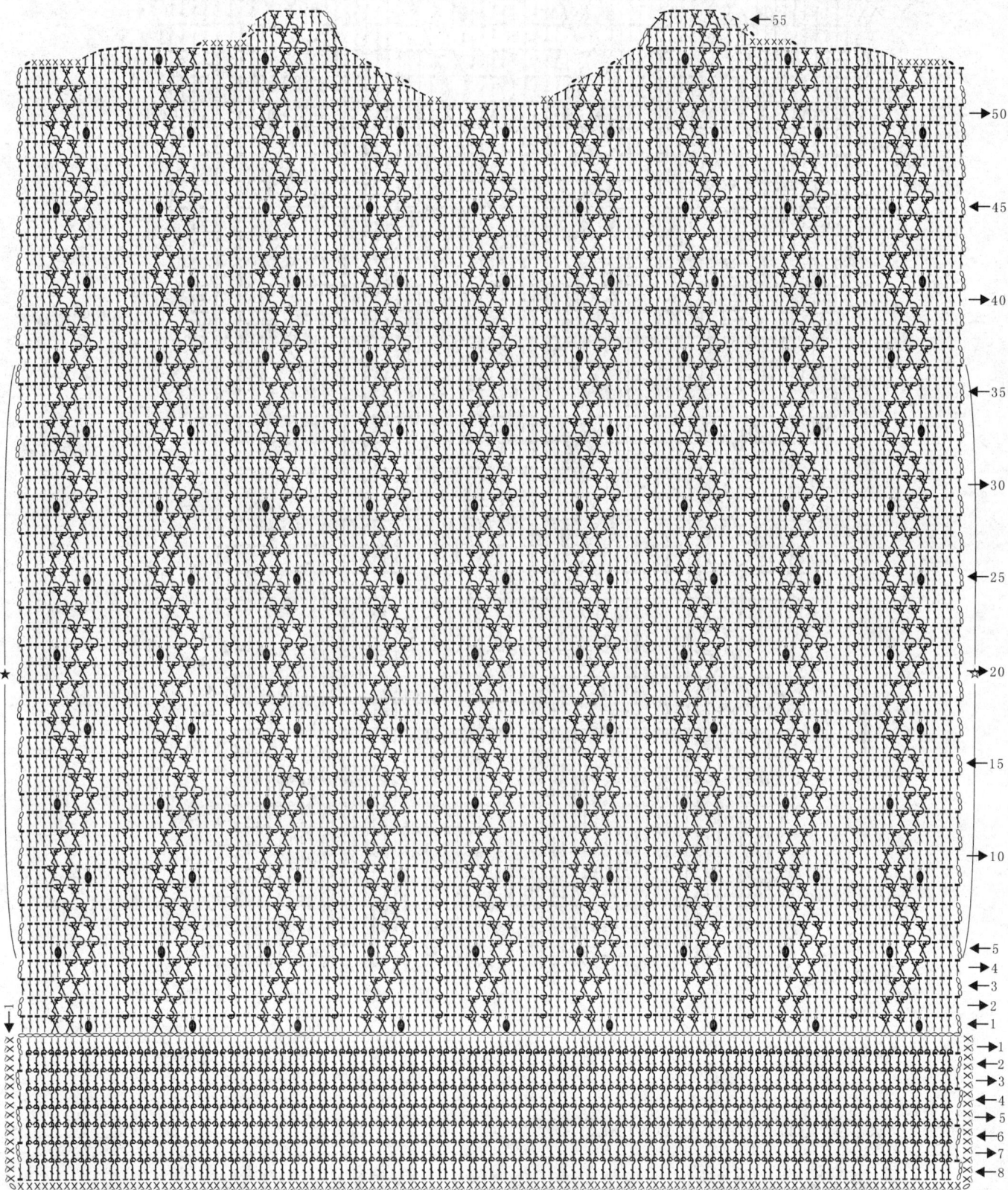

袖片针法图示

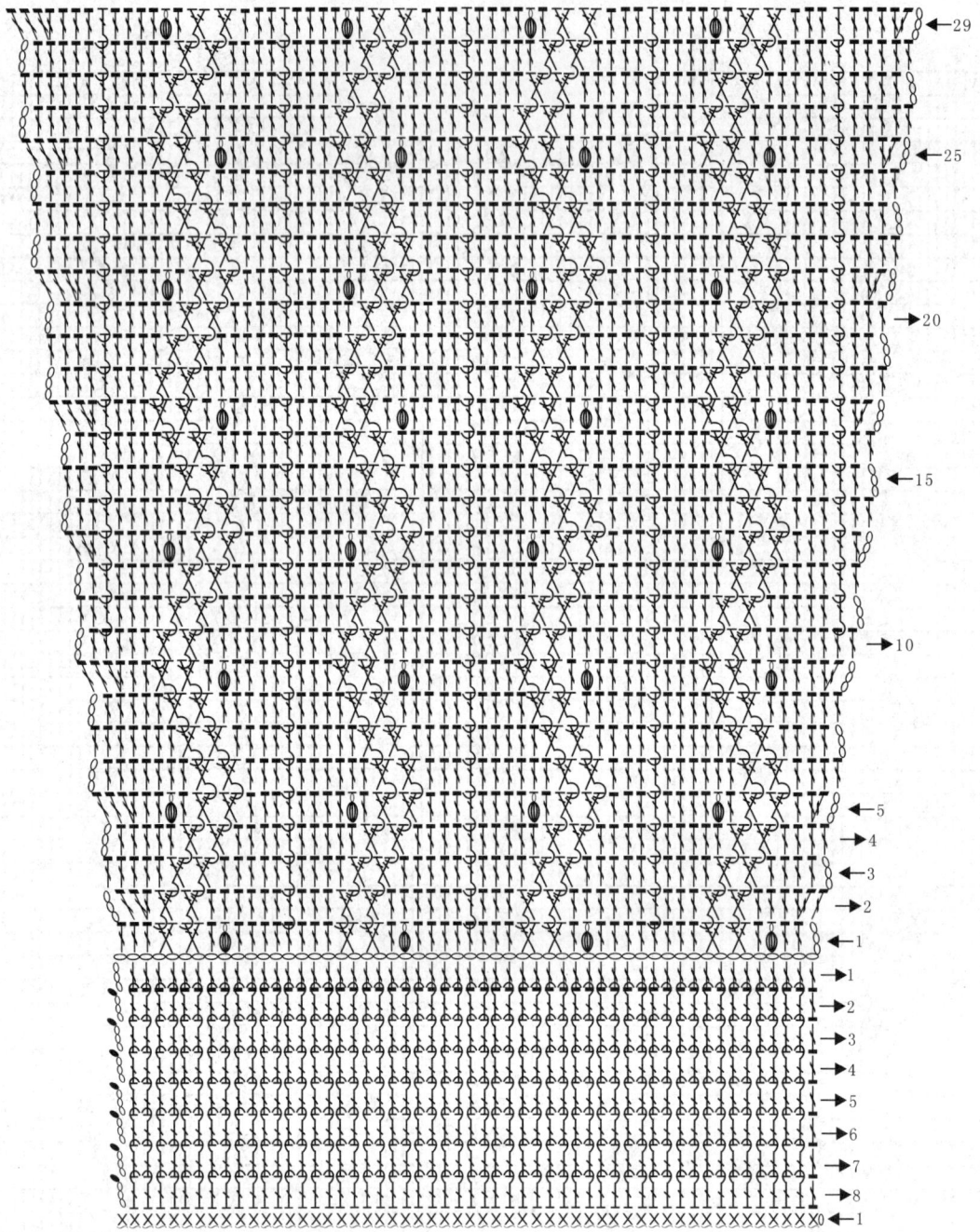

衣领花边针法图示（共18个花样）

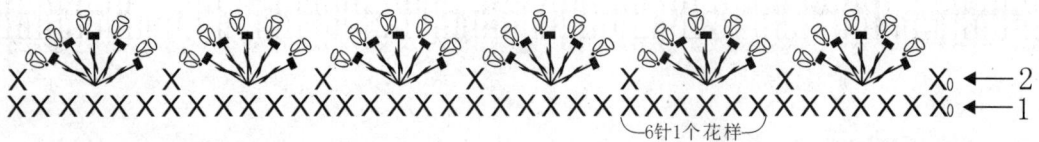

6针1个花样

蓝色中长外套

【编织材料】徐家7525羊毛线 3股加1股48支350g

【编织工具】2.0mm钩针

【成品规格】衣长：49cm 胸围：72cm 袖长：39cm

【编织方法】

1. 编织前后身片，前后身片均是从下摆起相应针数，后依照前后身片花样示意图所示进行编织，编织完整后拼接前后身片侧缝及肩斜。

2. 编织袖片，袖片是从袖口起53针，依照袖片编织示意图所示编织完整左右袖片，编织好后拼接在衣身袖窿处。

3. 编织口袋，起47针依照花样编织B所示编织23行。后缝合在左右前身片上。

4. 在领口、门襟及袖口处分别挑针钩织6行缘编织，并在右门襟处相应位置留出扣眼位。

后身片

- 4.5cm（13针）
- 19cm（41针）
- 4.5cm（13针）
- 2cm（5行）
- 1cm（3行）
- 17cm（32行）
- 36cm（89针）
- 花样编织A
- 31cm（58行）
- 36cm（89针）起针

右前身片

- 4.5cm（13针）
- 10.5cm（29针）
- 8cm（16行）
- 19cm（53针）
- 41cm（77行）
- 花样编织A
- 19cm（53针）起针

袖片

- 6cm（17针）
- 13cm（26行）
- 23cm（65针）
- 花样编织A
- 26cm（48行）
- 19cm（53针）起针

口袋

- 花样编织B
- （23行）
- （47针）起针

口袋 花样编织B

7
5
1

领口、门襟、下摆缘编织

6
5
1

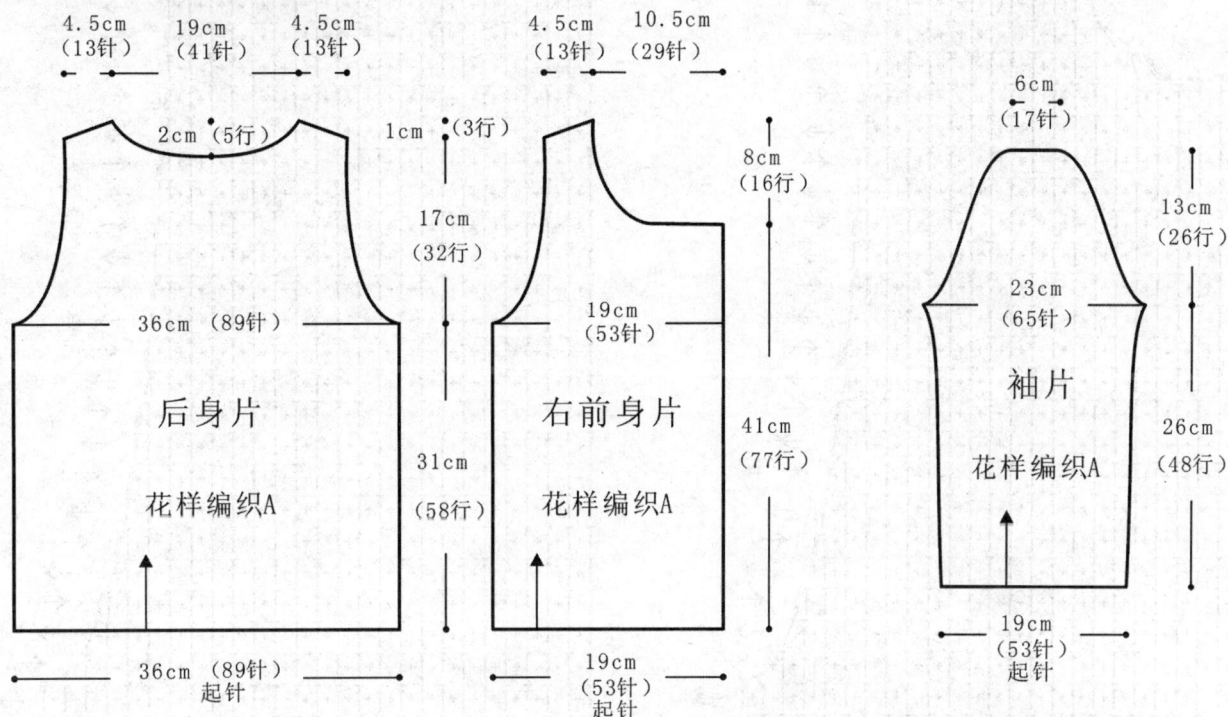

领口、门襟、下摆示意图

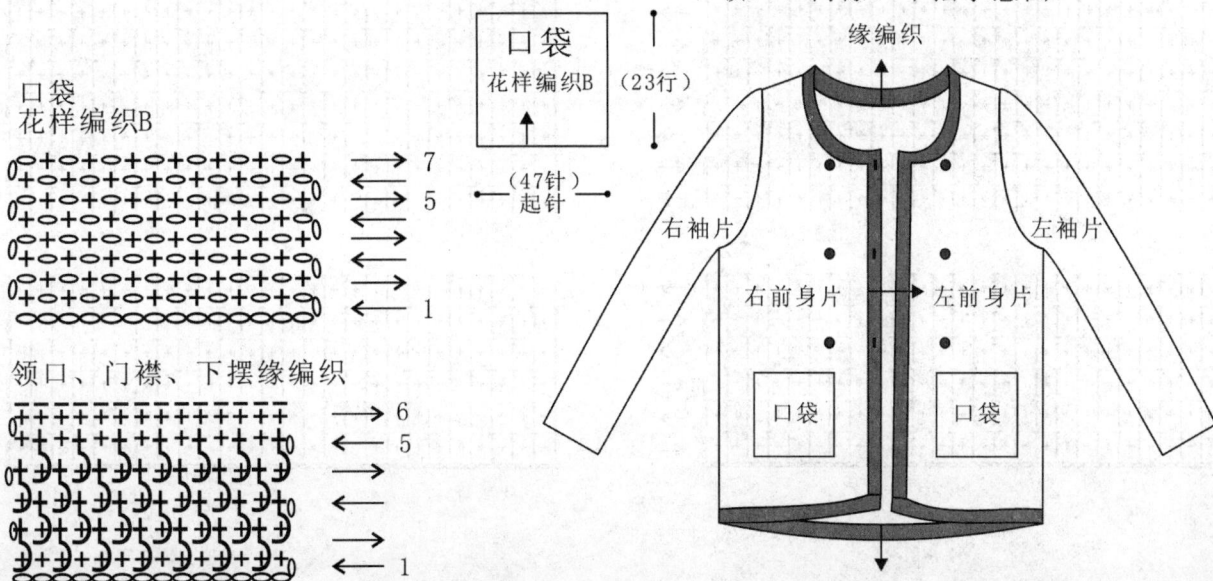

缘编织

- 右袖片
- 左袖片
- 右前身片
- 左前身片
- 口袋
- 口袋

前身片示意图

后身片示意图

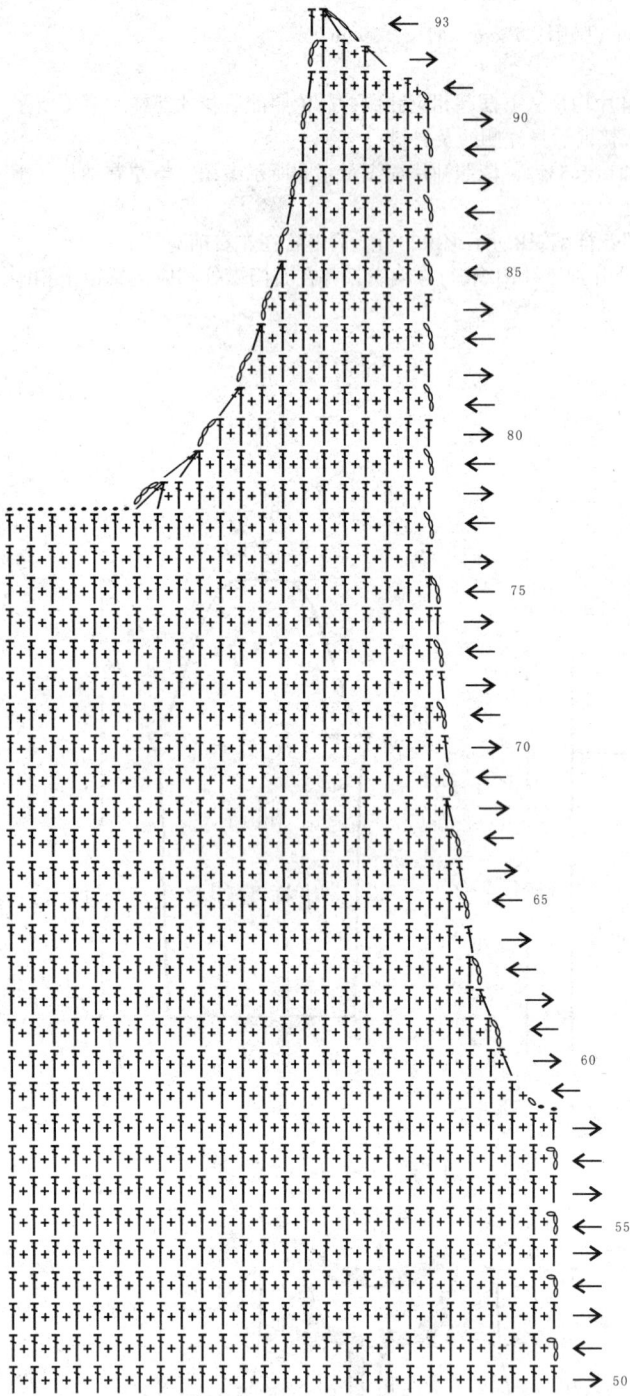

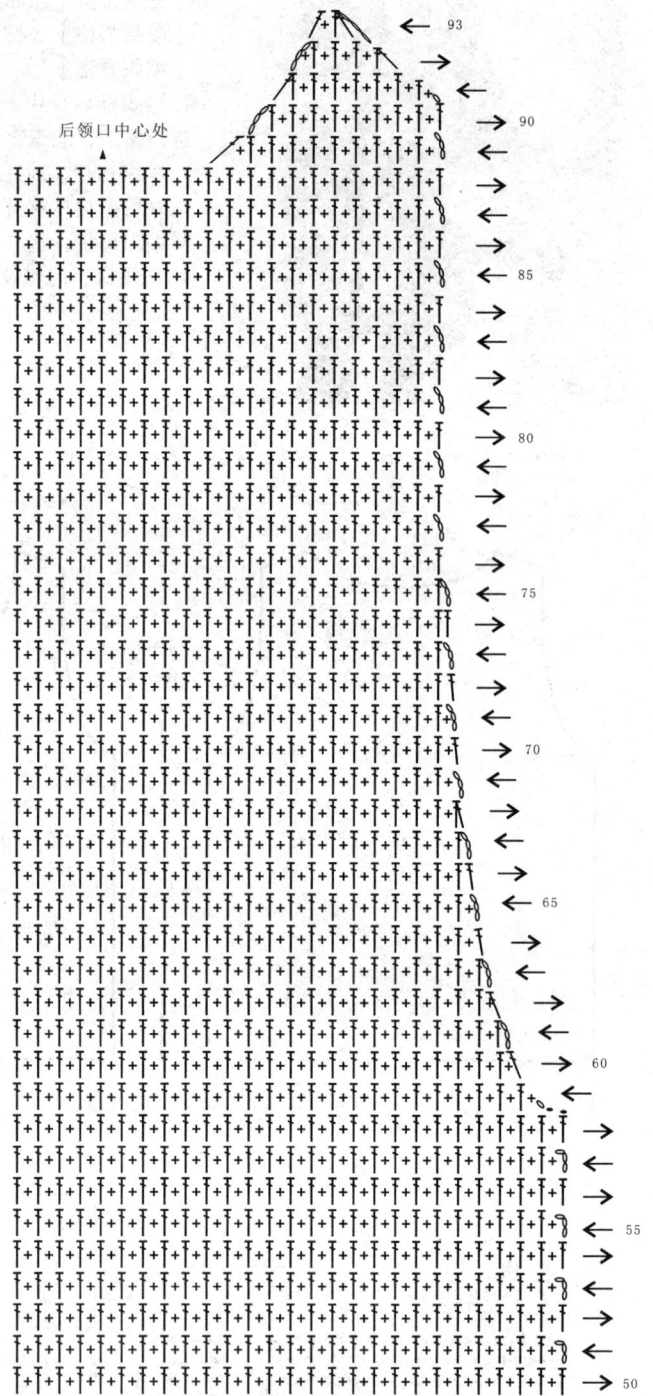

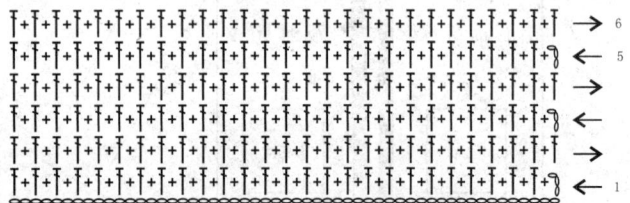

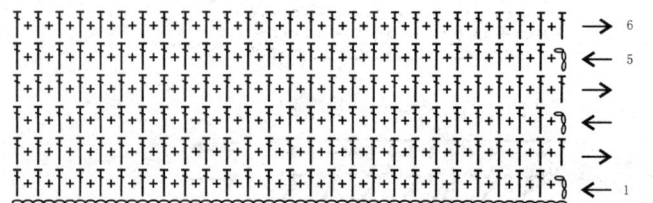

后领口中心处 ▲

袖片编织示意图

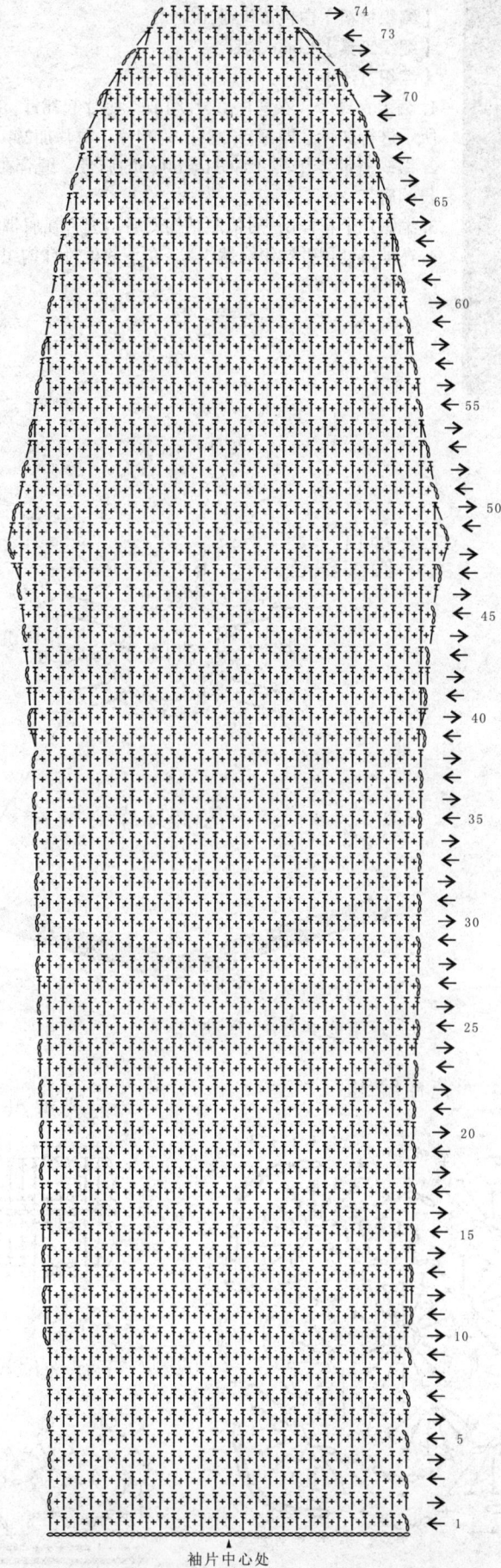

袖片中心处

槐花季

【编织材料】白色蕾丝线200g

【编织工具】1.0mm钩针

【编织方法】

1. 编织衣身片，衣身片由4片组成，每片起78针，共起针312针，依照衣身片花样编织所示进行加针，即每行加8针，分4片，每片加2针，共编织50行。

2. 编织肩带，在领口编织1条60cm的肩带，缝合在前后衣片上，左右各分别留出12cm长的肩带。

3. 编织16个花样B，后依照结构图所示缝合在肩带上。

4. 在袖口处挑针钩织缘编织A，在下摆处挑针钩织216个缘编织B。

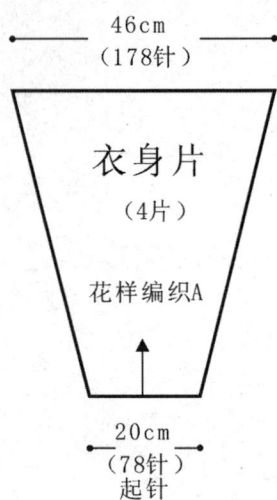

衣身片示意图

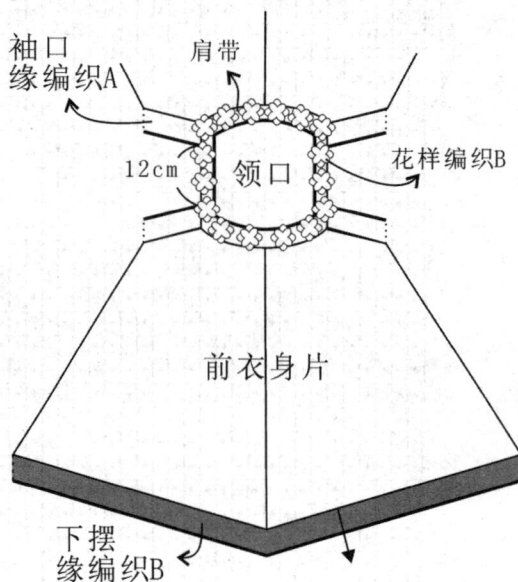

下摆共216个缘编织B

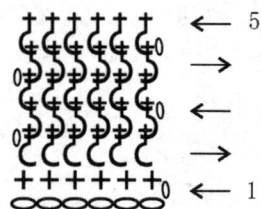

袖口缘编织A

单元花样编织B

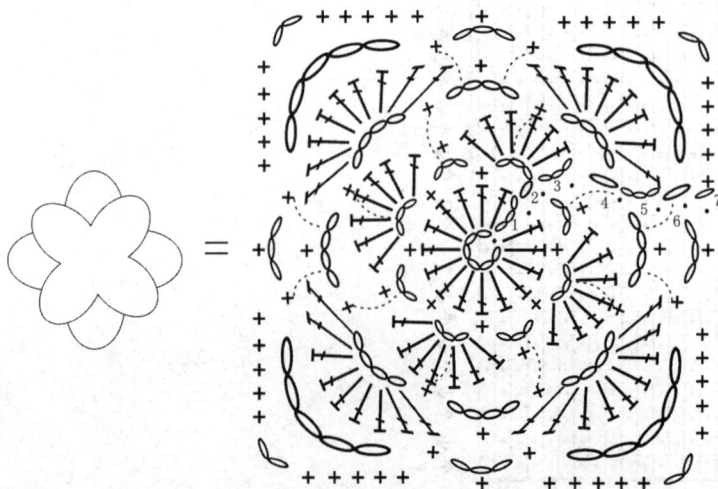

肩带编织

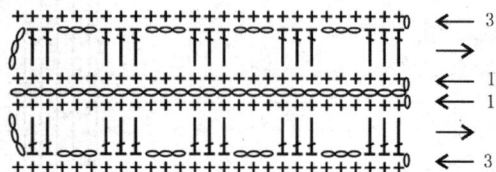

下摆缘编织B

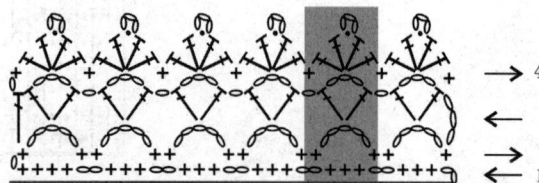

花样编织A

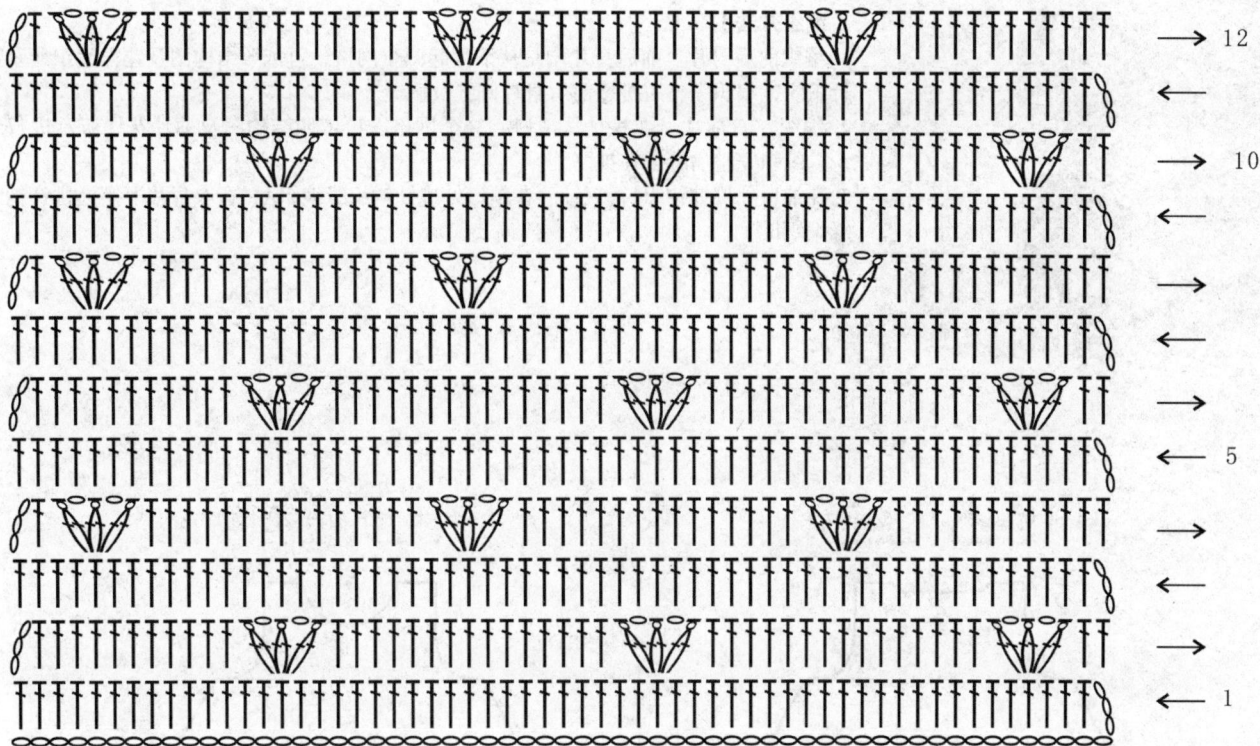

$\longrightarrow$ 12

$\longleftarrow$

$\longrightarrow$ 10

$\longleftarrow$

$\longrightarrow$

$\longleftarrow$

$\longrightarrow$

$\longleftarrow$ 5

$\longrightarrow$

$\longleftarrow$

$\longrightarrow$

$\longleftarrow$ 1

衣身片加针示意图

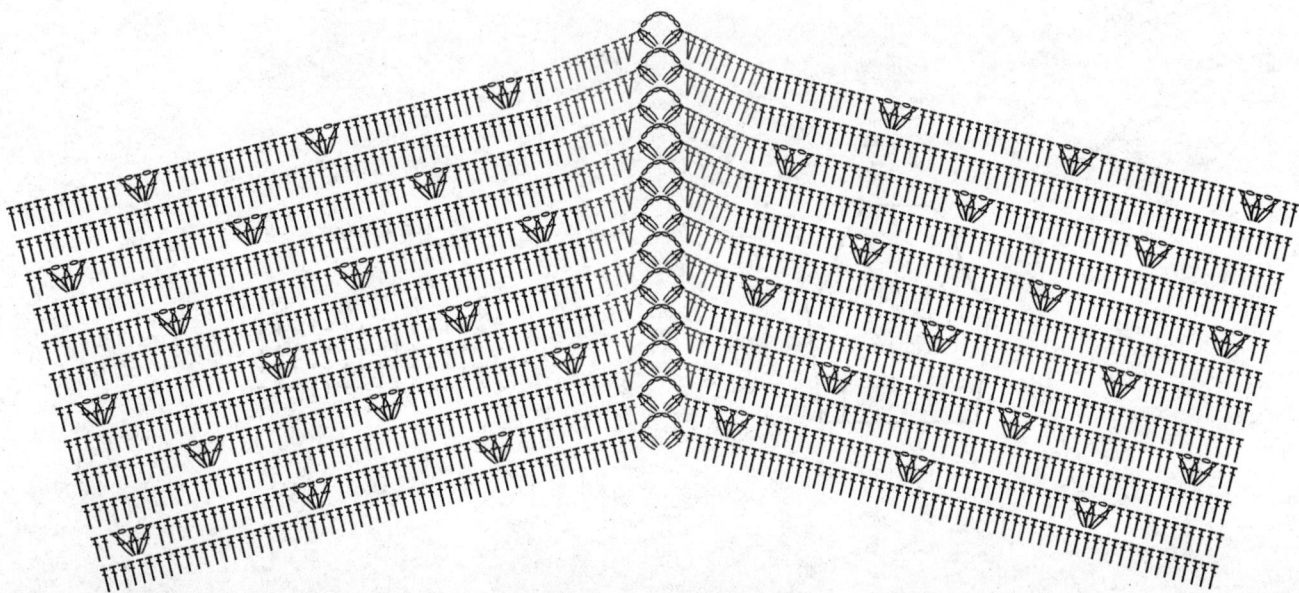

露珠

【编织材料】蕾丝线150g
【编织工具】1.8mm钩针
【成品规格】衣长：40cm　胸围：68cm　袖长：23cm
【编织方法】
1. 编织前后身片。前后身片均是从下摆起83个网格，再依照结构图及花样编织所示进行编织，编织完整后拼接前后身片侧缝及肩缝。
2. 编织左右袖片。袖片是从袖口起36个网格，再依照结构图及袖片花样所示进行编织，编织完整后缝合在袖窿处。
3. 在袖口处挑针钩织1行短针。在领口处挑针钩织缘编织A，在衣身片下摆处挑针钩织缘编织B。

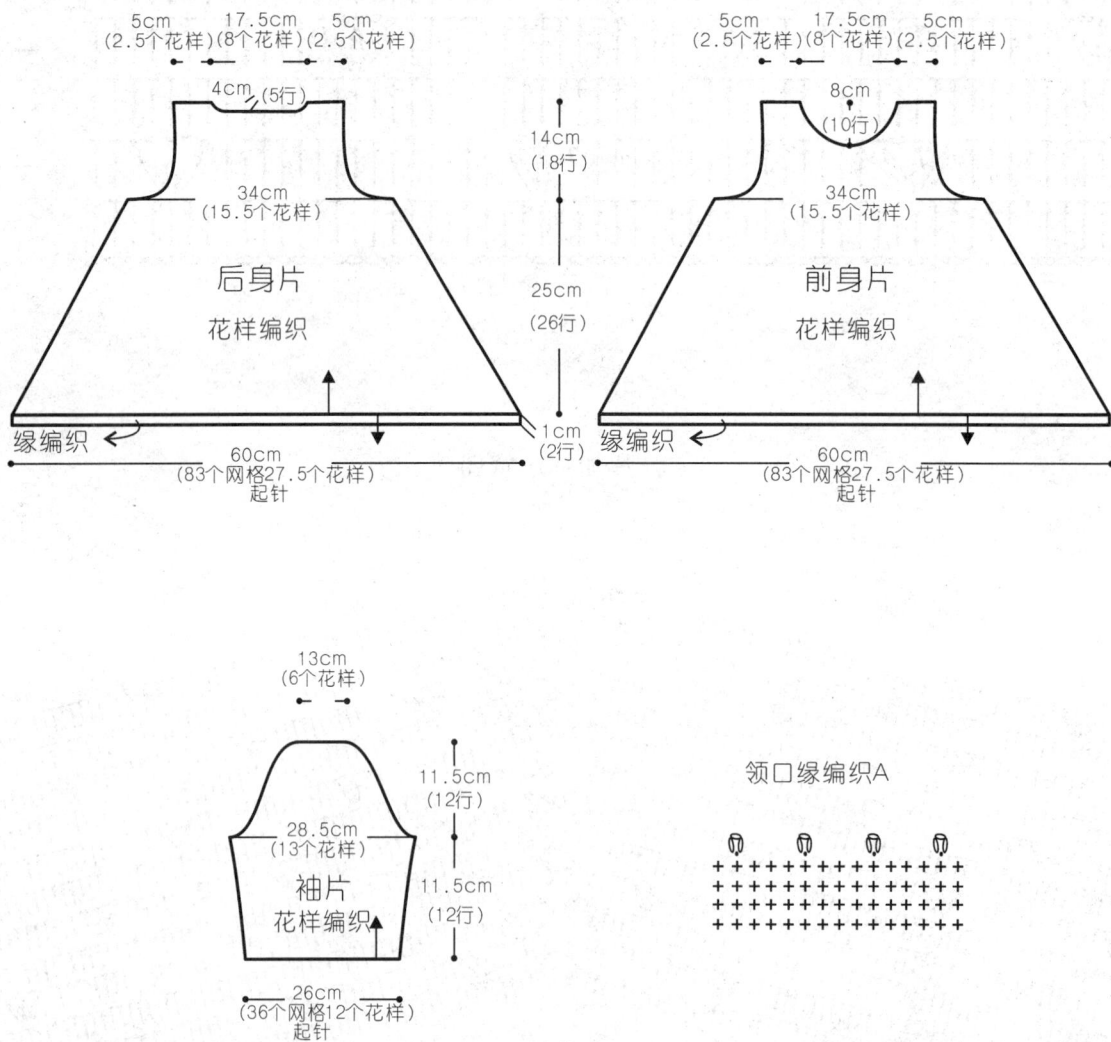

5cm　　17.5cm　　5cm
(2.5个花样)(8个花样)(2.5个花样)

4cm (5行)

34cm
(15.5个花样)

14cm
(18行)

后身片
花样编织

25cm
(26行)

缘编织

1cm
(2行)

60cm
(83个网格27.5个花样)
起针

5cm　　17.5cm　　5cm
(2.5个花样)(8个花样)(2.5个花样)

8cm
(10行)

34cm
(15.5个花样)

前身片
花样编织

缘编织

60cm
(83个网格27.5个花样)
起针

13cm
(6个花样)

11.5cm
(12行)

28.5cm
(13个花样)

袖片
花样编织

11.5cm
(12行)

26cm
(36个网格12个花样)
起针

领口缘编织A

衣身片示意图

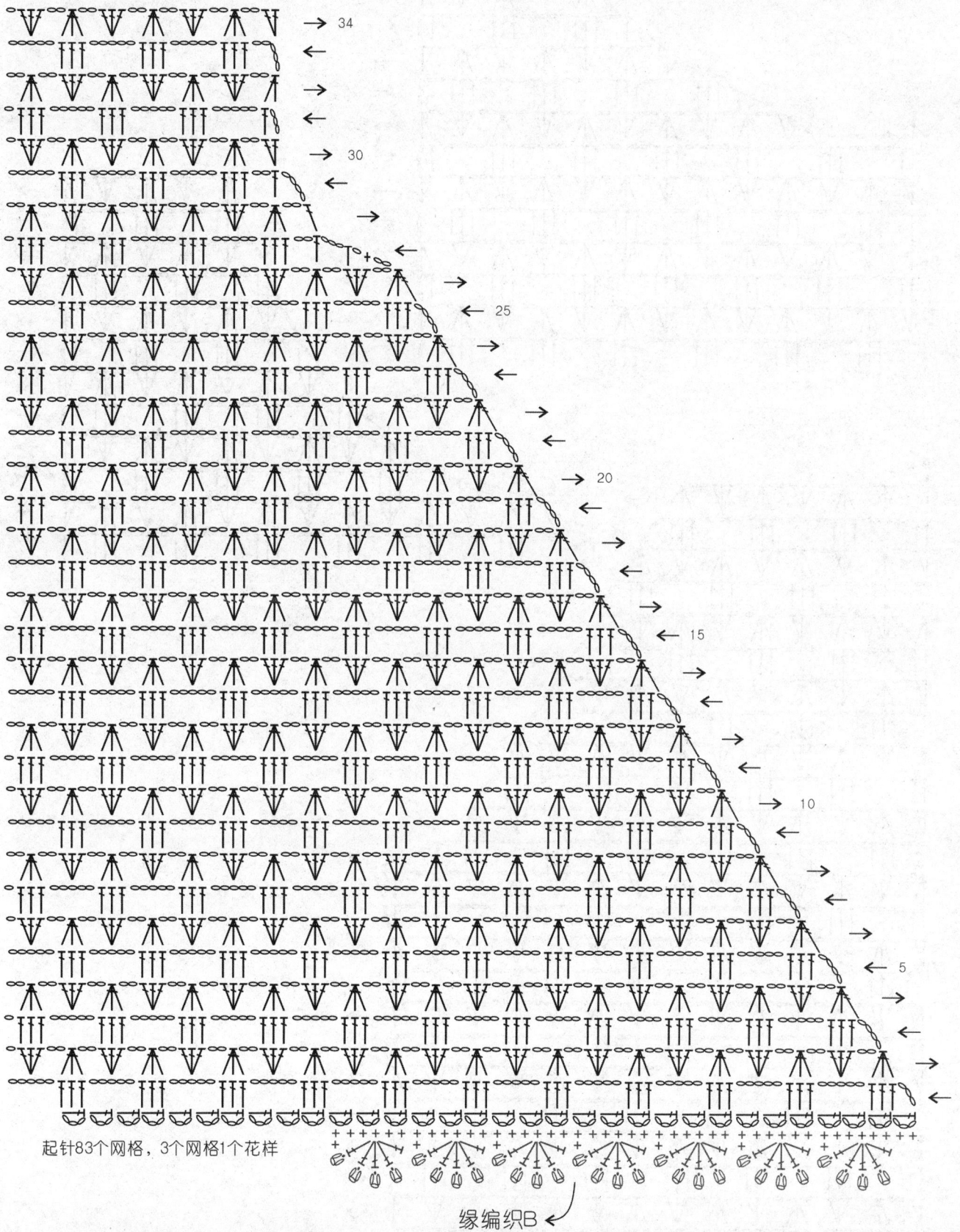

→ 34

←

→

←

→ 30

←

→

←

→ 25

←

→

←

→

←

→ 20

←

→

←

→

← 15

←

→

←

→

← 10

←

→

→

← 5

←

←

起针83个网格，3个网格1个花样

缘编织B ←

后领口示意图

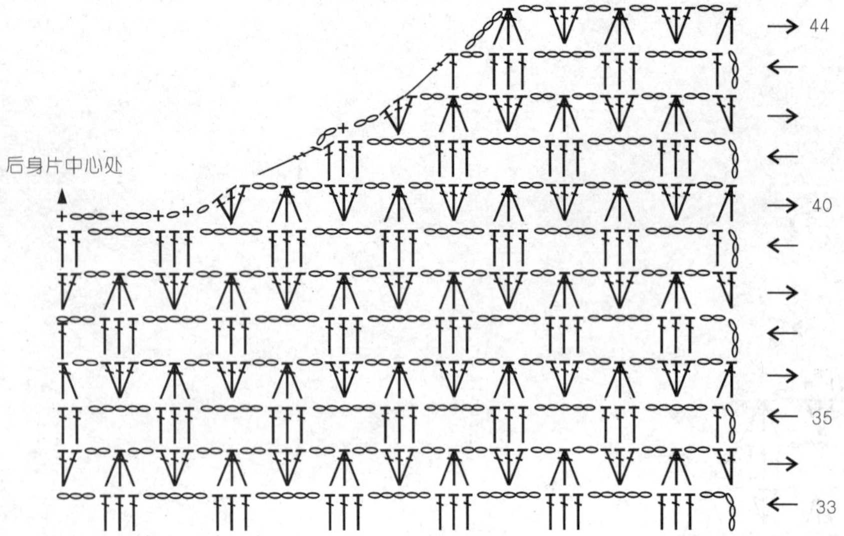

前领口示意图

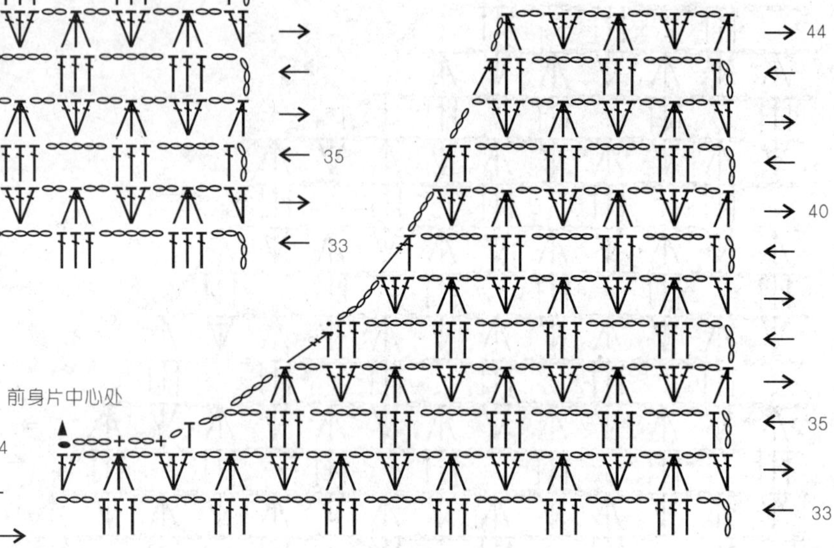

后身片中心处

44

40

35

33

44

40

35

33

袖片示意图

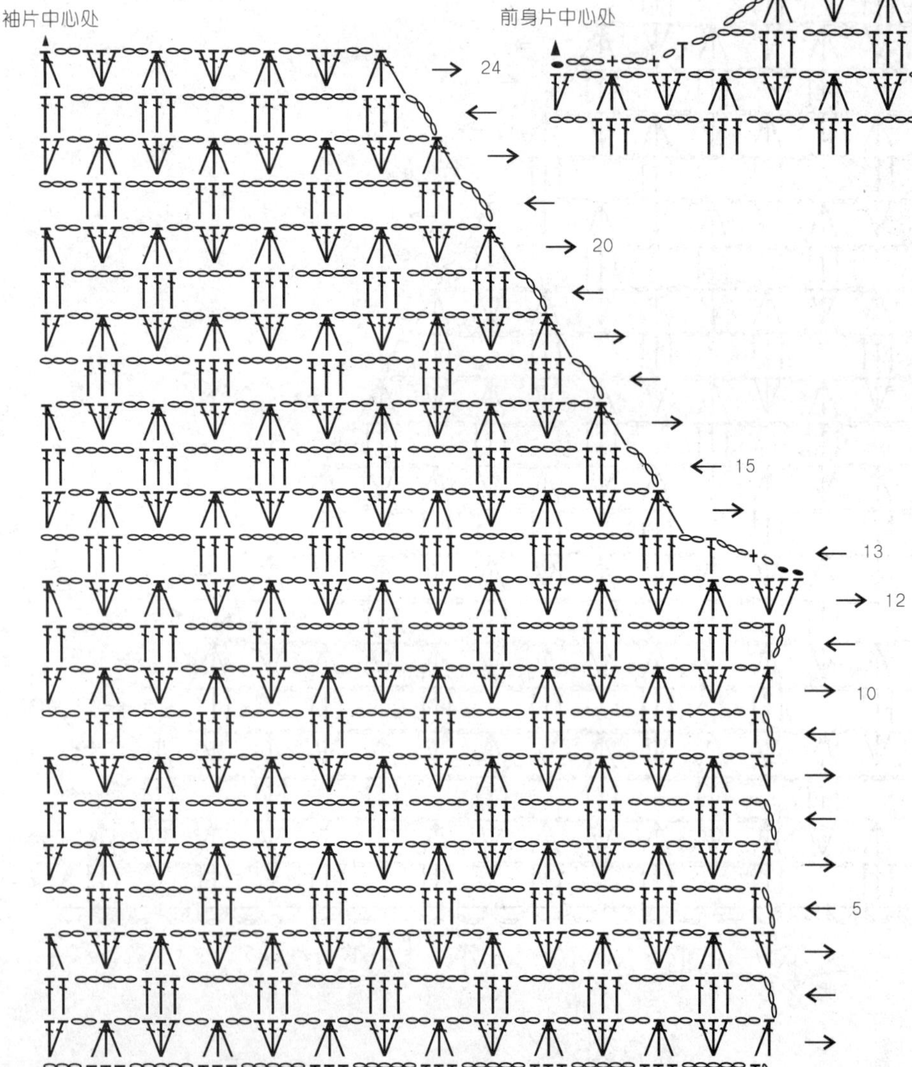

袖片中心处

前身片中心处

24

20

15

13

12

10

5

1

彩虹毛衣

【编织材料】单股七彩马海毛线120g

【编织工具】5.0mm钩针

【成品规格】衣长：45cm　胸围：76cm　袖长：39cm

【编织方法】

1. 编织前后身片，前后身片均是从下摆起57针，依次依照结构图及花样编织所示进行编织，编织完整前后身片后缝合前后身片侧缝及肩线。

2. 编织袖片，袖片是从袖口起21针，依照袖片花样所示进行编织，编织完整左右袖片后，缝合在衣身片袖窿处。

3. 在领口处挑70针，钩织5行花样编织B。

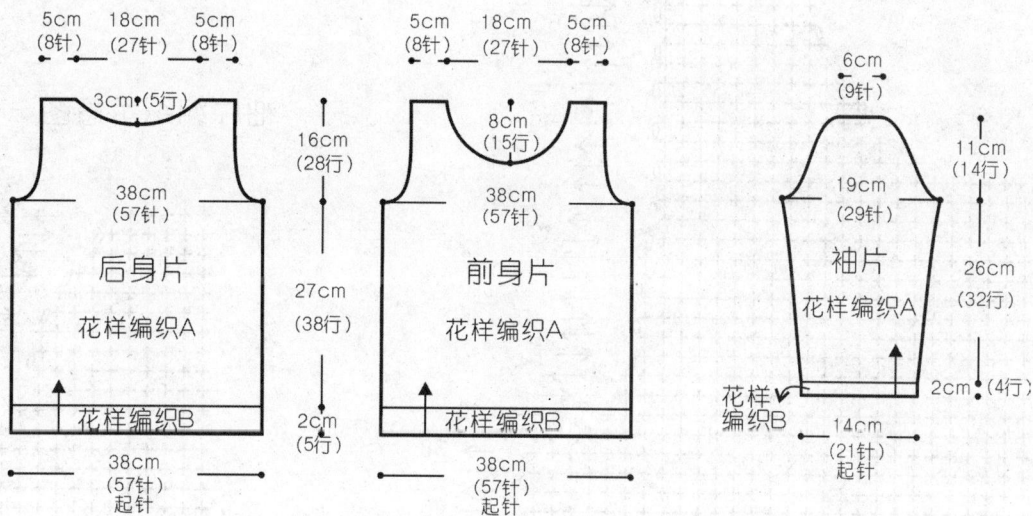

领口示意图

花样编织B

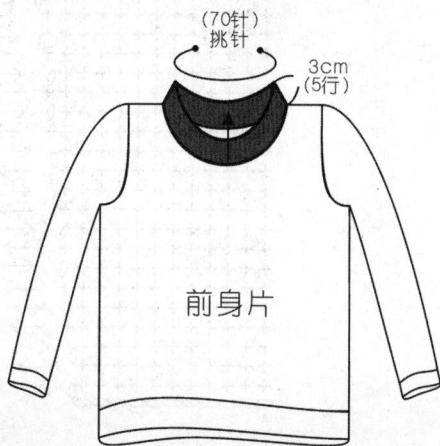

花样编织B

后领口编织示意图

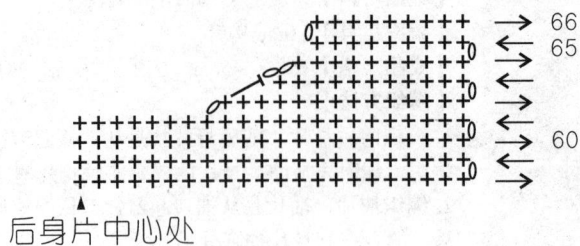

66
65

60

后身片中心处

前身片编织示意图

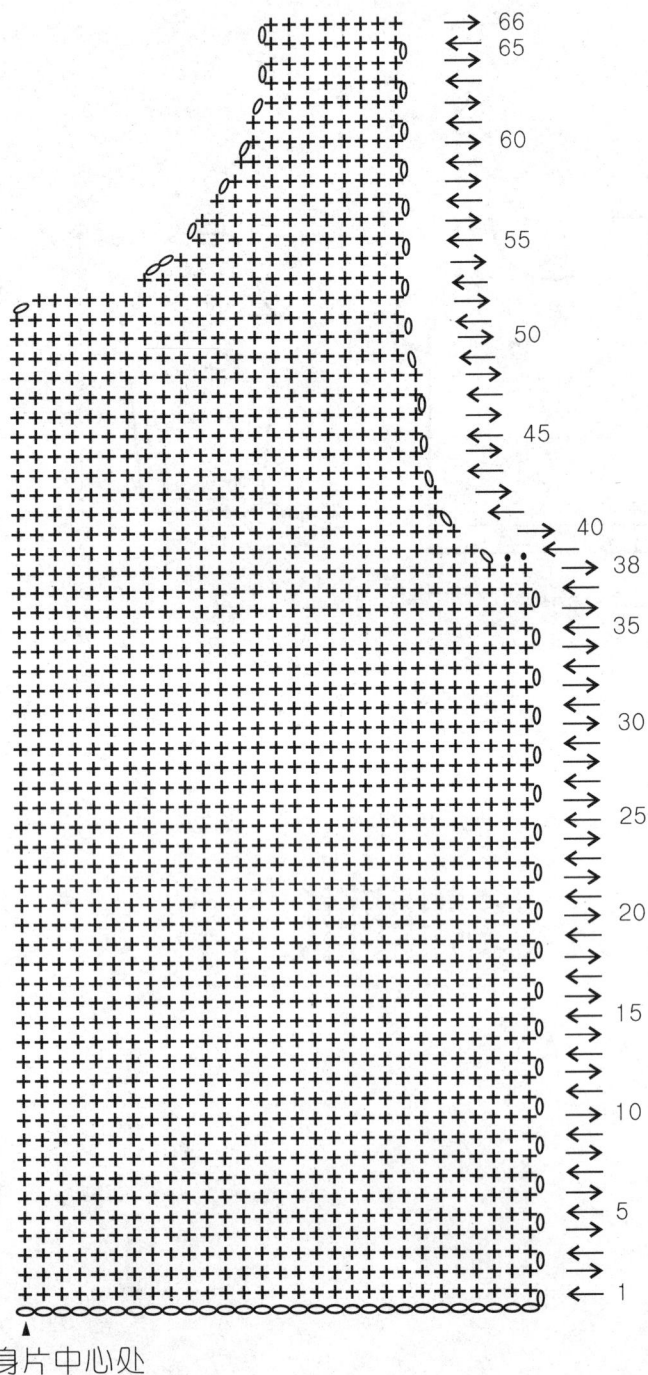

66
65

60

55

50

45

40
38
35

30

25

20

15

10

5

1

前身片中心处

袖片编织示意图

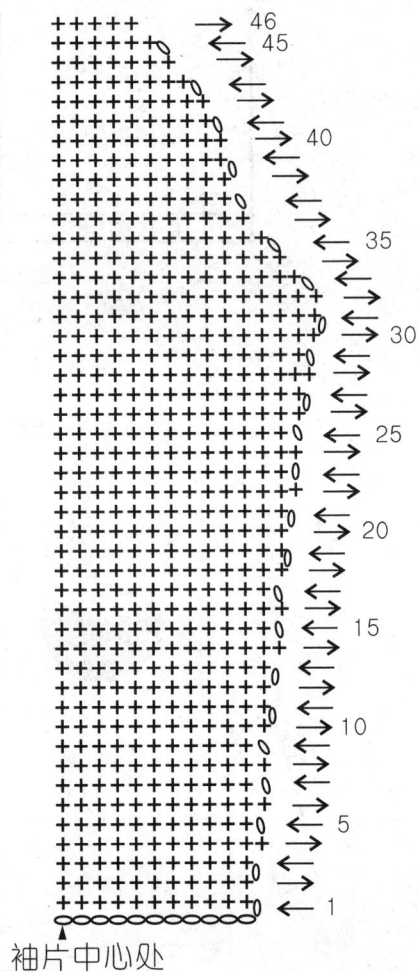

46
45

40

35

30

25

20

15

10

5

1

袖片中心处

咖啡豆

【编织材料】意大利结子纱，1股共100g、黑咖啡色兔毛羊绒4股共225g（小球用6股线共25g），咖啡色松树纱2股100g，黑色纽扣3枚，暗扣3对

【编织工具】5.5mm可乐钩针，缝衣针

【成品规格】衣长：40cm（含毛边），下边：宽68cm

【编织方法】

1. 斗篷和帽子用1股意大利结子纱和4股黑咖啡色兔毛羊绒合股编织，帽子和底边的毛边用2股咖啡色松树纱并股编织，小球用6股黑咖啡色兔毛羊绒编织。

2. 斗篷的织法：斗篷从底边往领口编织，1股结子纱和4股兔毛羊绒合股后用5.5mm可乐钩针起257针，织花样A，织小球时要换成6股的羊绒线织，织好后再换回原来的线继续编织，一共织52行，并按照图示方法减针，织12行后按照图示方法开口袋洞，开洞后分为3部分编织，从右至左分别编织①②③，口袋洞一共18行，之后把3部分再连成一片继续编织22行。

3. 帽子的织法：沿斗篷的领口挑59短针按照图示花样B编织，1～6行加针，7～29不加不减，30～35减针，帽子一共织35行，织好后把帽边折叠内侧缝合。

4. 门襟边的织法：沿门襟挑针织花样C。

5. 袋口的织法：用2股松树纱起6针，钩3行短针，然后只钩3针上去，钩到所需长度，再钩另一边的3针，然后两部分连起来，6针一起再钩3行短针，钩好之后与口袋洞处缝合。

6. 帽边的织法：用2股松树纱沿帽边钩短针，直到与斗篷空出的9针宽度相等，可以边钩短针边与斗篷连接。

7. 底边的织法：用2股松树纱钩几圈中长针毛边。在领口处挑70针，钩织5行花样编织B。

斗篷结构图

对折缝合

共减7针　　共减7针

35行

帽子
花样B

22行

花样C

③

斗篷
花样A

②

①

花样C

18行

12行

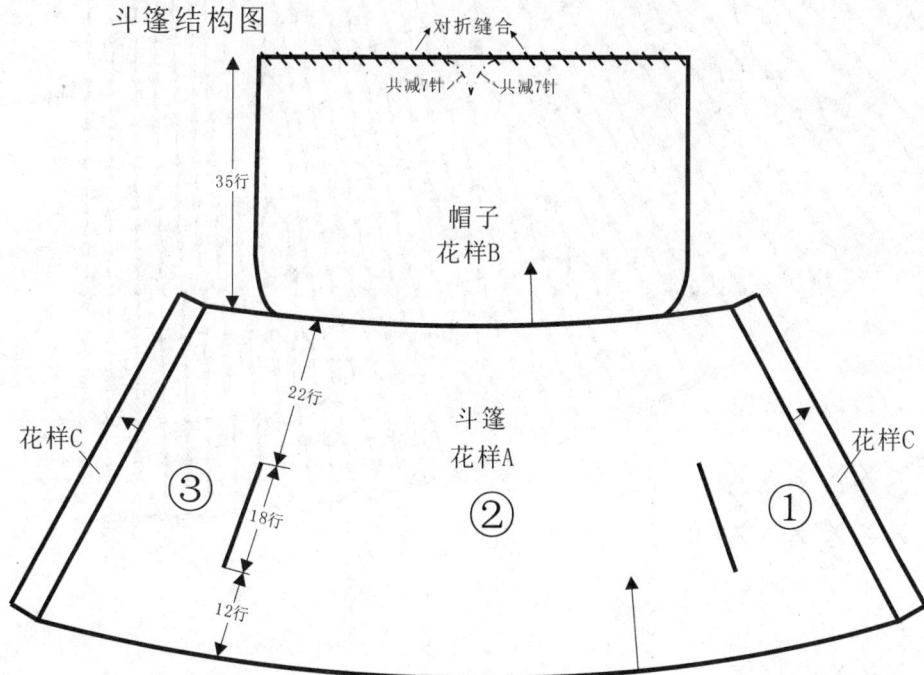

口袋边的织法

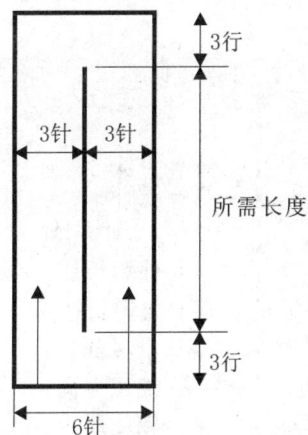

3行

3针　3针

所需长度

3行

6针

斗篷针法图示（花样A）

图中13~30行为口袋开口部分，这18行分为3部分编织

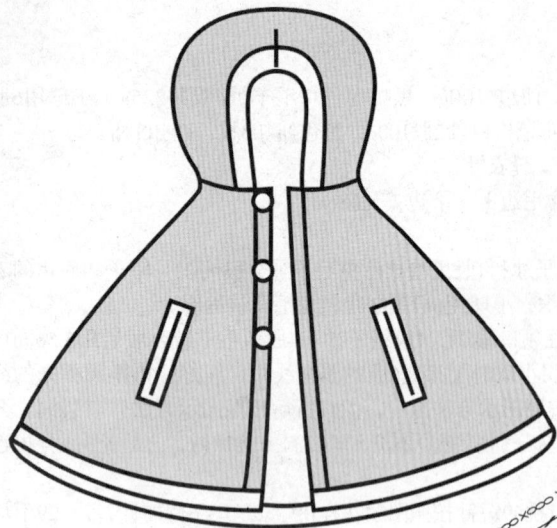

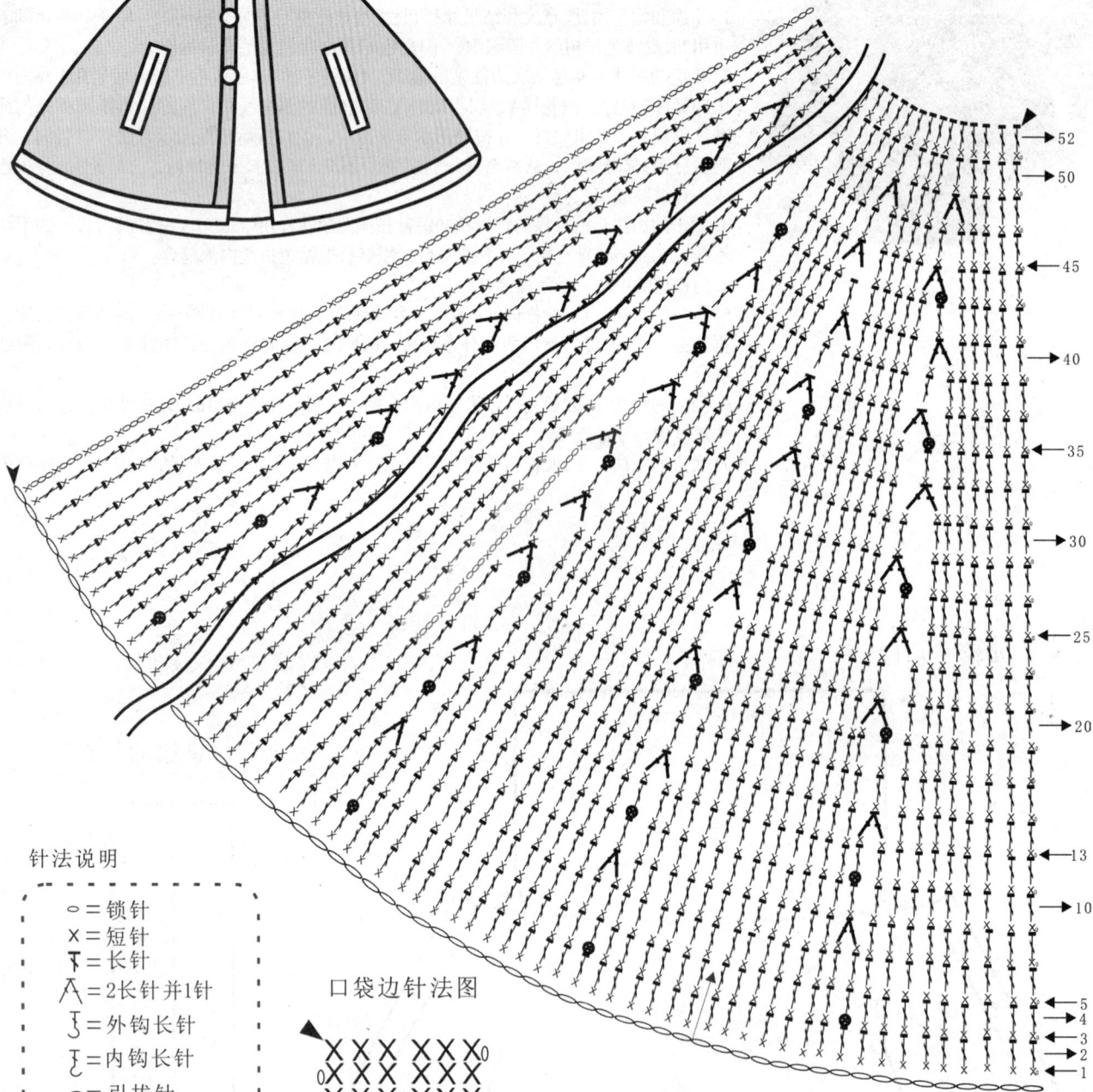

→ 52
→ 50
← 45
→ 40
← 35
→ 30
← 25
→ 20
← 13
→ 10
← 5
← 4
← 3
← 2
← 1

针法说明

○ = 锁针
× = 短针
T = 长针
∧ = 2长针并1针
ʃ = 外钩长针
ʅ = 内钩长针
● = 引拔针
→ = 编织方向
➤ = 编织起点
▶ = 断线
▷ = 接线

口袋边针法图

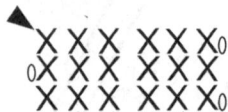

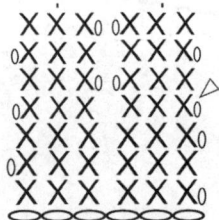

28针　　　　　　　　1针　　　　　　　　28针

35

30

25

帽子针法图（花样B）

20

15

10

5
4
3
2
1

挑59针

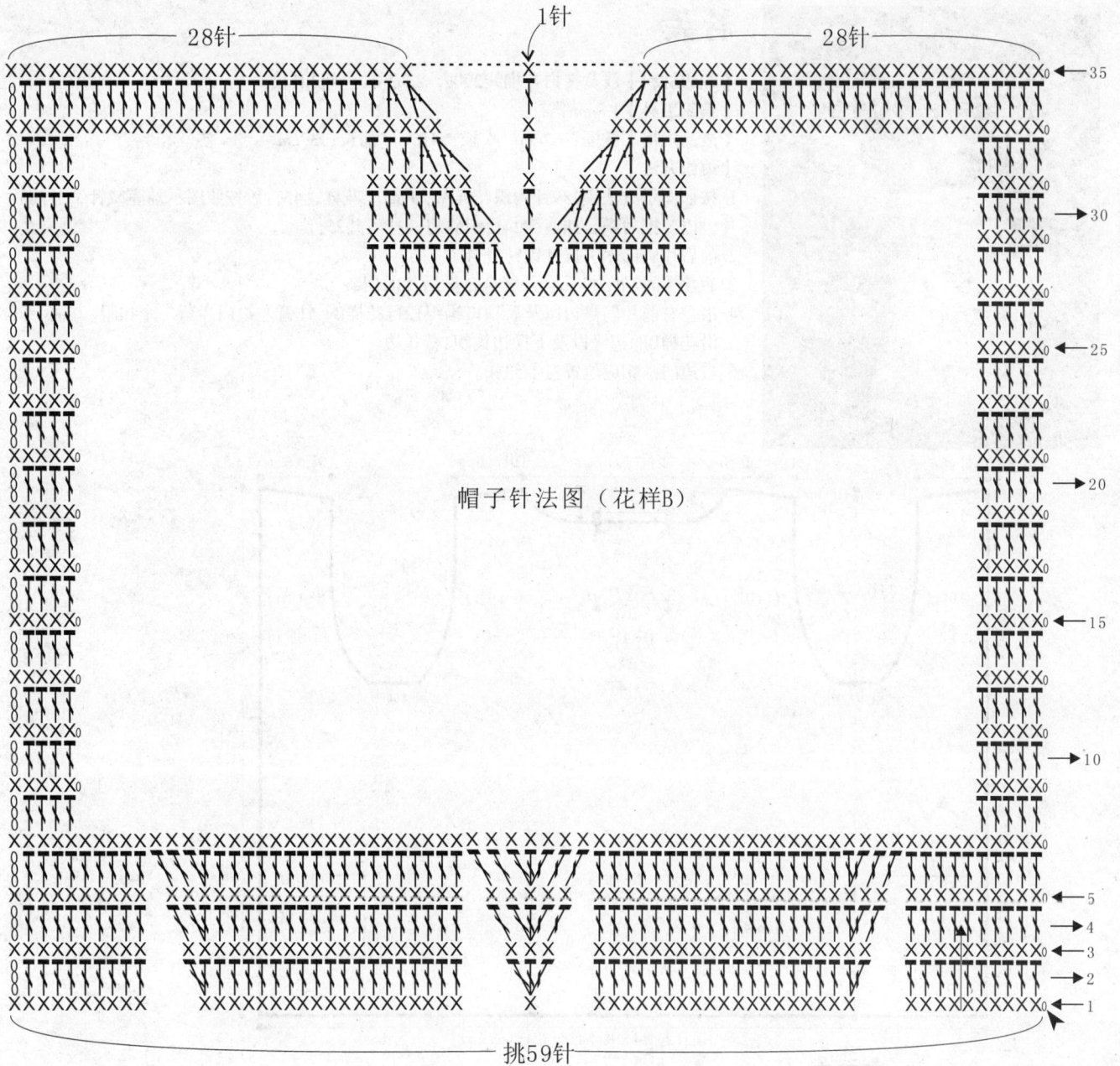

门襟边针法图（花样C）

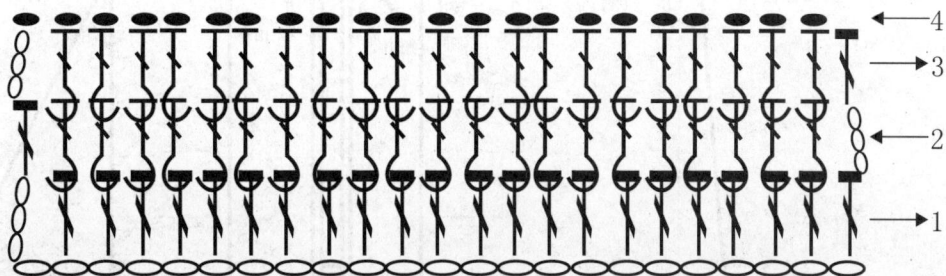

4
3

2

1

若芙

【编织材料】浅黄夹白花棉线290g，2.7cm白色纽扣1枚
【编织工具】1.8mm钩针
【成品规格】胸围：67cm　衣长：41cm　袖长：37cm
【编织方法】
1. 按照图示方法锁189针钩织花样A，共47个花样，45行后按照图示袖隆减针，分前后片，以及挖后领，挂肩织24行织斜肩，挂肩共25行。
2. 前后片肩部做引拔针锁针缝合。
3. 后片中间2处约7cm合并缝合，做后片的褶皱。
4. 沿左右前片门襟边以及后领口钩织12行花样B，注意左边门襟留一个扣眼。
5. 沿花样B的边缘以及下摆边钩织1行花边。
6. 右边门襟相应位置钉上纽扣。

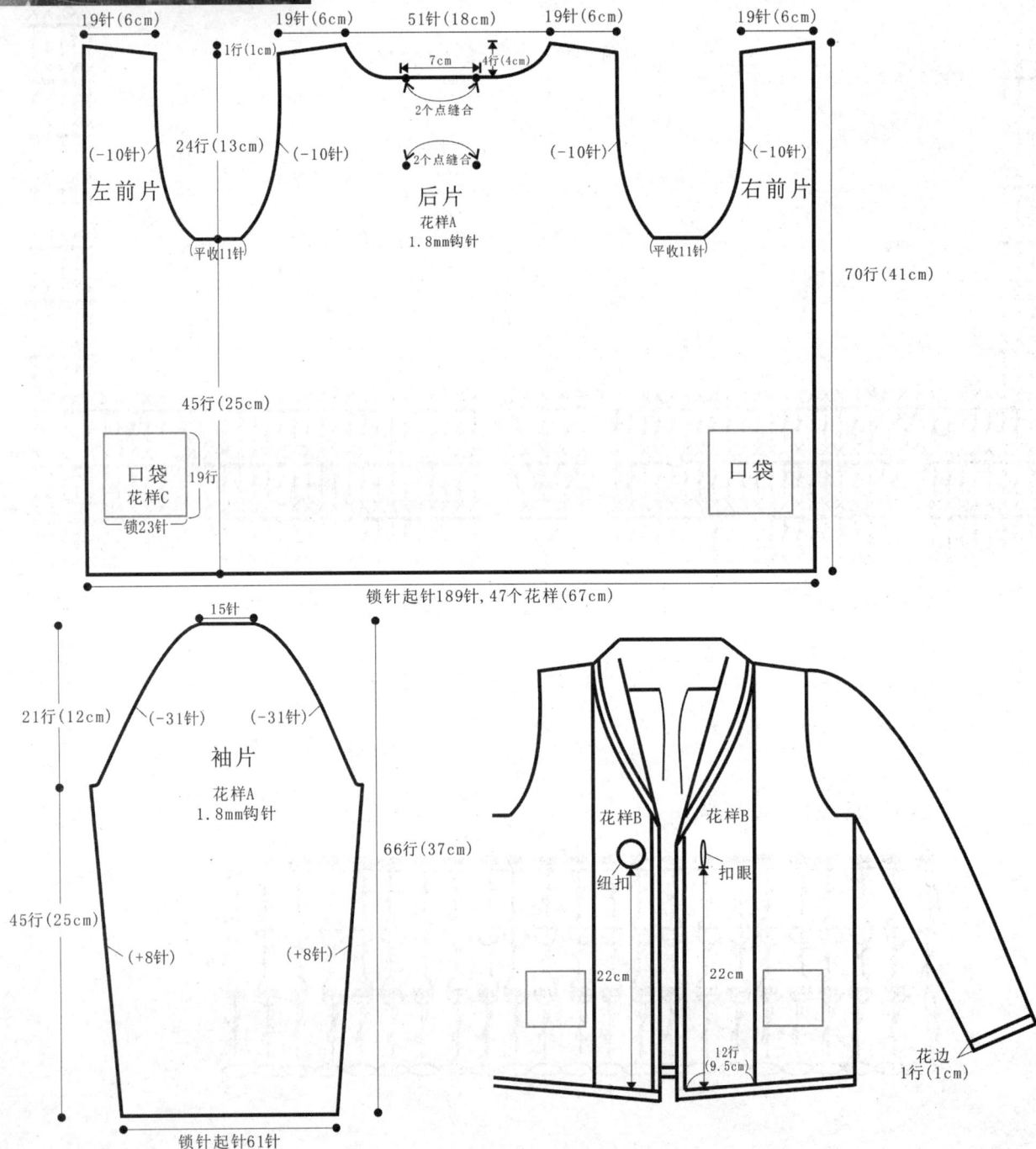

19针(6cm)　　19针(6cm)　　51针(18cm)　　19针(6cm)　　19针(6cm)

1行(1cm)

7cm　4行(4cm)

2个点缝合

24行(13cm)

(−10针)　(−10针)　2个点缝合　(−10针)　(−10针)

左前片　　　　　后片
　　　　　　　花样A
　　　　　　1.8mm钩针

右前片

平收11针　　　　　　　　　　　平收11针

70行(41cm)

45行(25cm)

口袋
花样C

19行

口袋

锁23针

锁针起针189针，47个花样(67cm)

15针

21行(12cm)　(−31针)　(−31针)

袖片

花样A
1.8mm钩针

66行(37cm)

45行(25cm)

(+8针)　(+8针)

锁针起针61针

花样B　花样B

纽扣　扣眼

22cm　22cm

12行
(9.5cm)

花边
1行(1cm)

口袋片针法图（花样C）

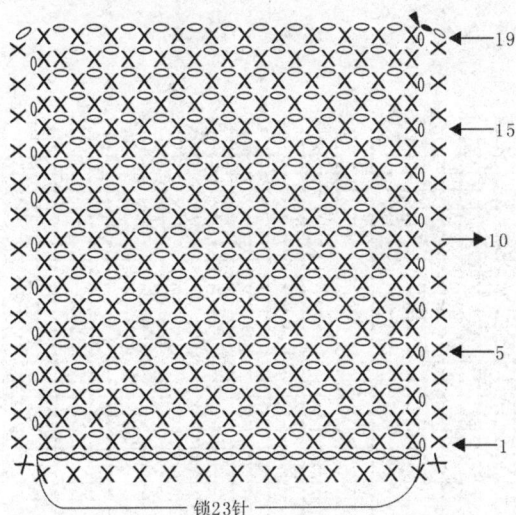

衣身片花样A

→19
→15
→10
→5
→1

锁23针

→12
→10
→5
→1

门襟花样B以及花边针法图（花样B）

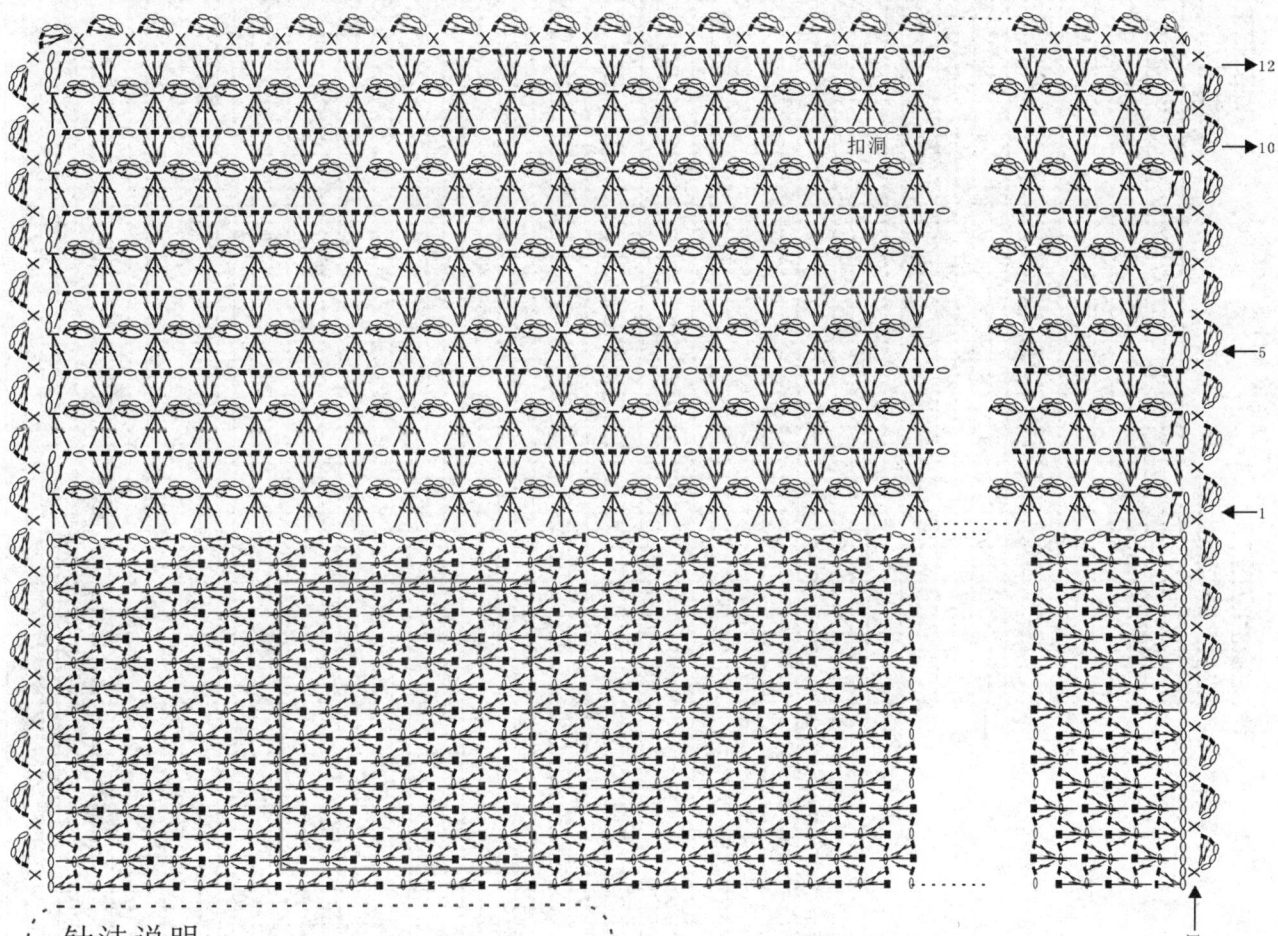

扣洞

→12
→10
→5
→1

针法说明

○ = 锁针
× = 短针
T = 中长针
⌡ = 长针
● = 引拔针
⌡ = 长长针
⌡ = 2长针的枣形针

⌡ = 3长针的枣形针
⌡ = 狗牙拉针
⋏ = 2短针并1针
⋀ = 2长针并1针
⋀ = 3长针并1针
► = 断线
▷ = 接线

衣身前片与后片片针法图（花样A）
红色框为口袋的位置

锁1针

袖片针法图（花样A）

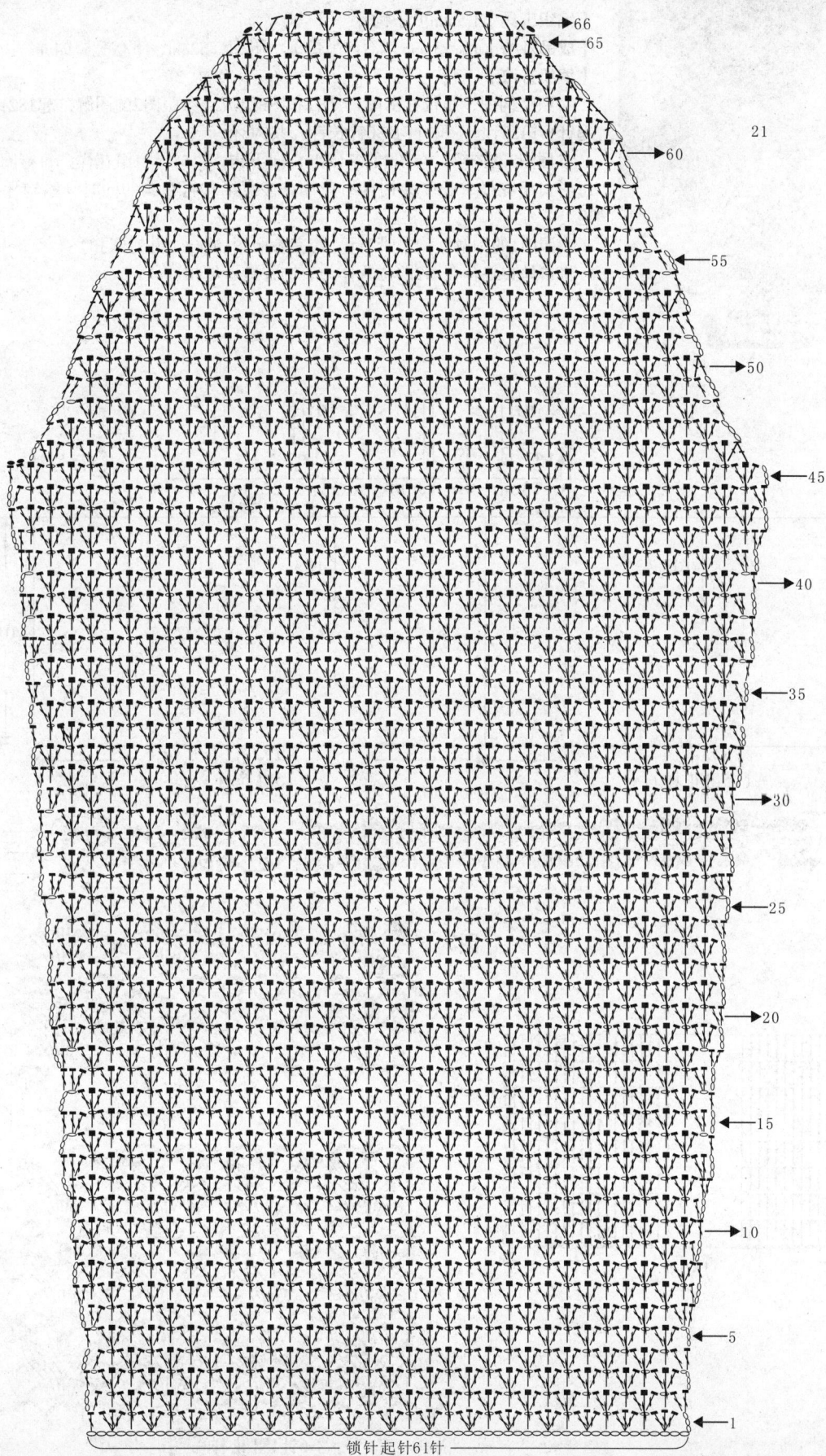

锁针起针61针

青青蝶舞

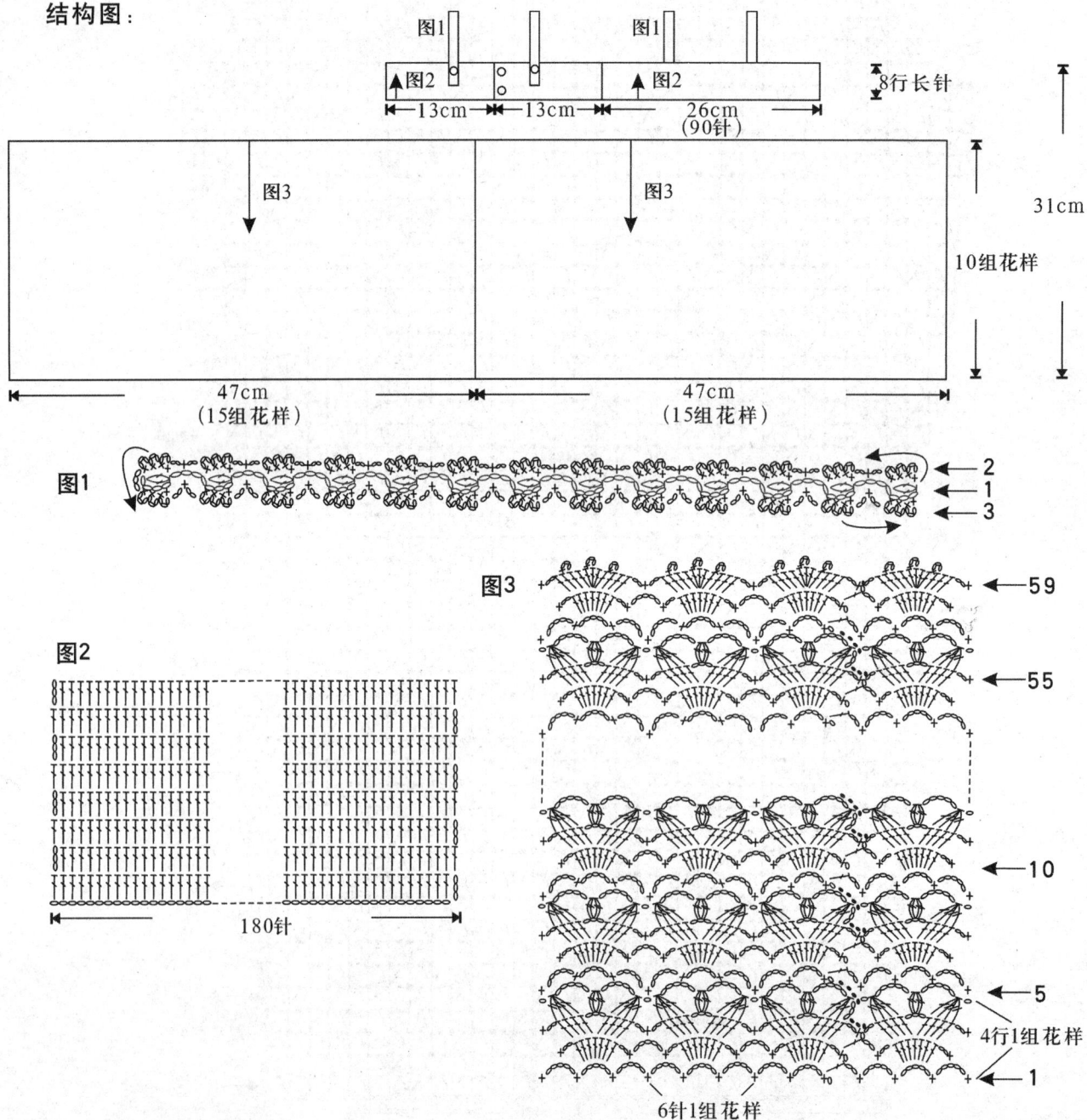

【编织材料】细棉线150g
【编织工具】1.5mm可乐钩针
【成品规格】长：31cm（不含吊带），胸围：52cm，下摆宽：94cm
【编织方法】
1. 参照结构图，吊带衫由图1、图2和图3组成。参照图2的图解，起182针锁针，3针立起针，第2行起，每行钩180针长针，共钩8行。
2. 参照图3的图解，在图2的基础上，向下钩，每6针钩1组花样。每行圈钩30组花样，每4行1组花样，长度共钩10组花样，注意第59行在钩的同时，钩狗牙针作为装饰花边。
3. 参照图1的图解，钩吊带3行。钩完参照图1缝合，并钉纽扣。
4. 将蕾丝布缝合在图2的位置作为装饰并钉子母扣。

结构图：

图1　　图1

▲图2　　　　▲图2　　　　8行长针

|←13cm→|←13cm→|←26cm→|
（90针）

图3　　　　　　图3

31cm

10组花样

47cm　　　　　　　47cm
（15组花样）　　　　（15组花样）

图1
←2
←1
←3

图3
←59
←55
←10
←5
4行1组花样
←1

图2
180针

6针1组花样

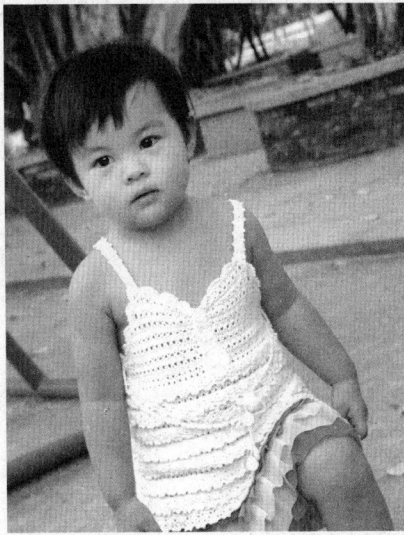

天使

【编织材料】细蕾丝线200g

【编织工具】1.5mm钩针

【成品规格】长：27cm（不含吊带），胸围：52cm

【编织方法】

1. 参照上半身图解，钩前后上半身。

2. 参照下半身图解，在上半身的基础上向下钩8层重叠状，每层9行。

3. 参照领口和袖口花边，在领口和袖口钩3行花边。

4. 参照图1图解，钩1片图1将前片上半身中央缝合。

5. 参照腰带图解，钩腰带1条。

6. 钩天使之翼2片并缝合在后片上。

7. 钩吊带2条连接前后片。

结构图

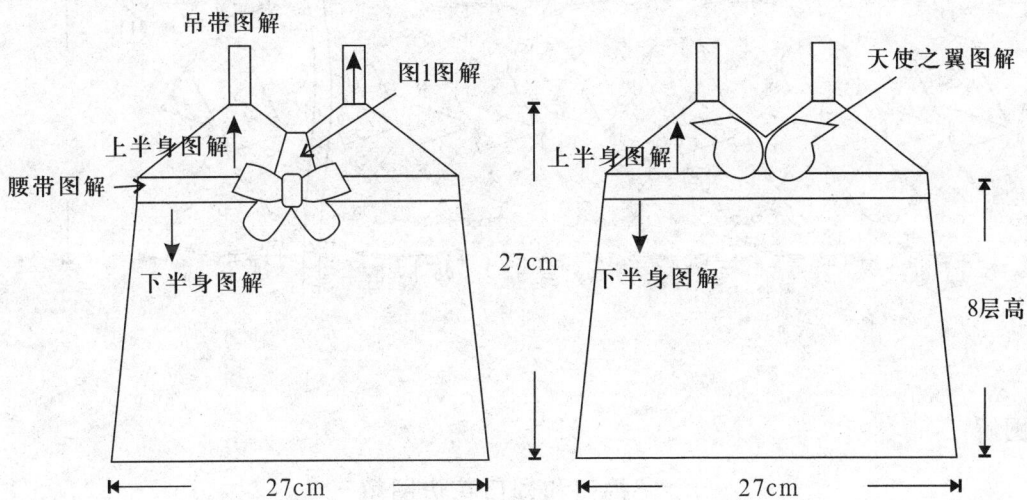

下半身图解

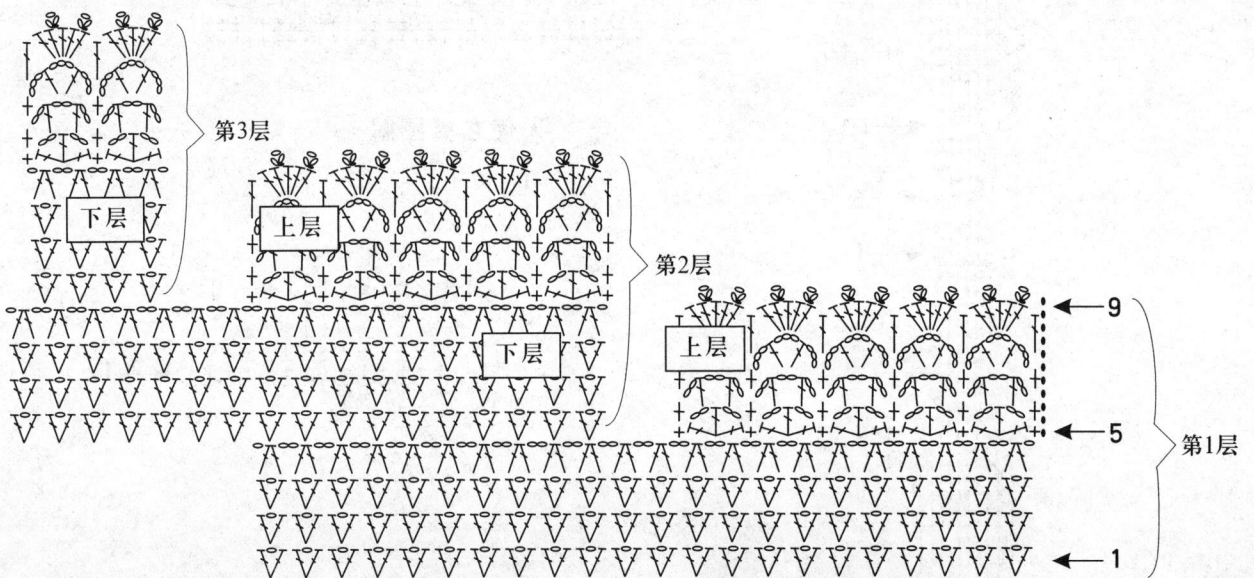

钩完第9行后钩引拔针到第4行，
从第4行挑针钩下层花。

吊带图解

上半身图解

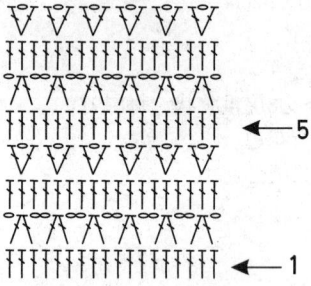

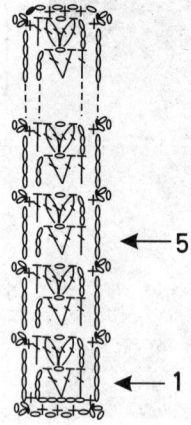

腰带图解

← 开始钩编
← 结束断线

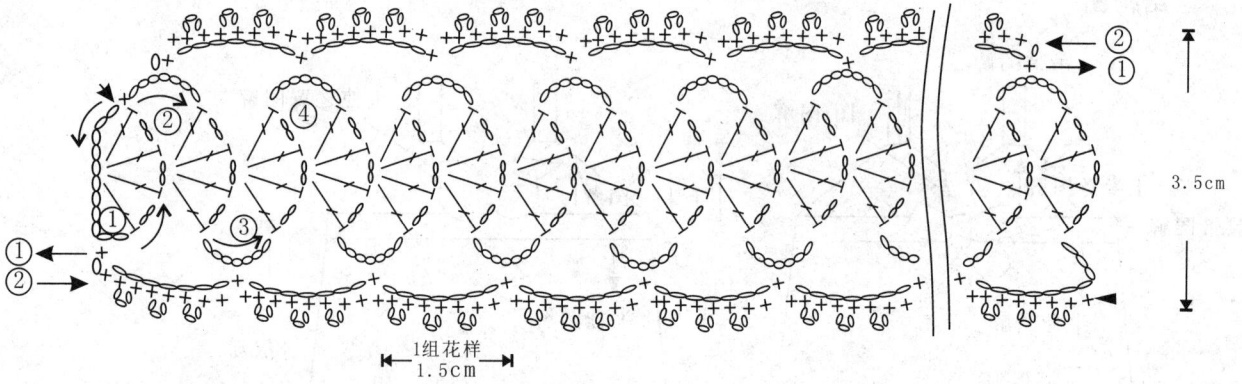

1组花样
1.5cm

3.5cm

图1图解

袖口和领口花边图解

天使之翼图解

对称钩2片

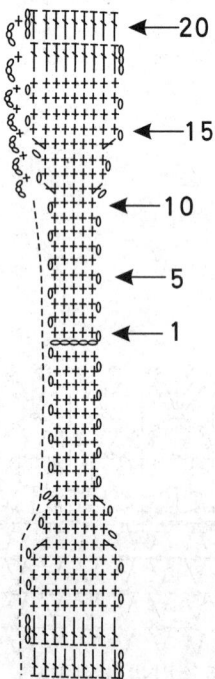

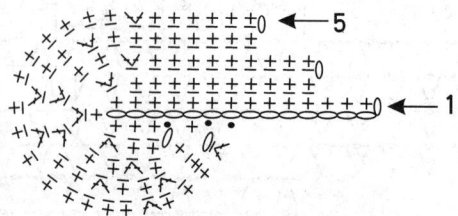

撞色娃娃上衣

【编织材料】绿色线134g，枚红色线50g
【编织工具】1.15mm、1.5mm蕾丝钩针
【成品规格】胸围：80cm　衣长：43cm
【编织方法】
1. 领口拼花：环形起针，按照单元花的图解编织成四边形花片，连接事先编织好的花片时，要将锁针正中的针目变化成引拔针，并将反面的锁针整段挑起，进行连接。
2. 身片：没有前后差别的简单外形，下摆呈圆弧状，编织花样A，从下往上编织至领口，编织完成后与领口花片以"2短针、1引拔针"的方式缝合连接。
3. 袖边及下摆边：将前后片肩部以"1短针、1锁针"的方式缝合好后，沿袖边以及下摆边圈钩花样B。
4. 组合：袖下规定长度用缝衣针缝合，袖窿下编织2片三角形花片并与前后片连接起来。

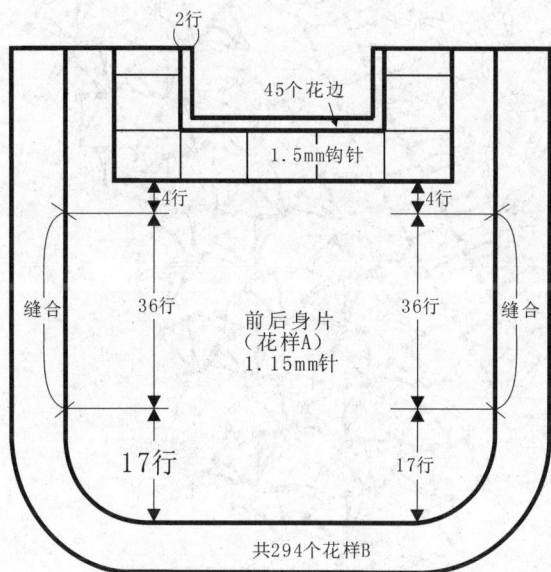

2行
45个花边
1.5mm钩针
4行　4行
缝合　36行　36行　缝合
前后身片
（花样A）
1.15mm针
17行　17行
共294个花样B

第9枚	第10枚	第11枚	第12枚	第13枚
第8枚				第14枚
第7枚	领口拼花			第15枚
第6枚	（花片连接）1.5mm针			第16枚
第5枚	第4枚	第3枚	第2枚	第1枚

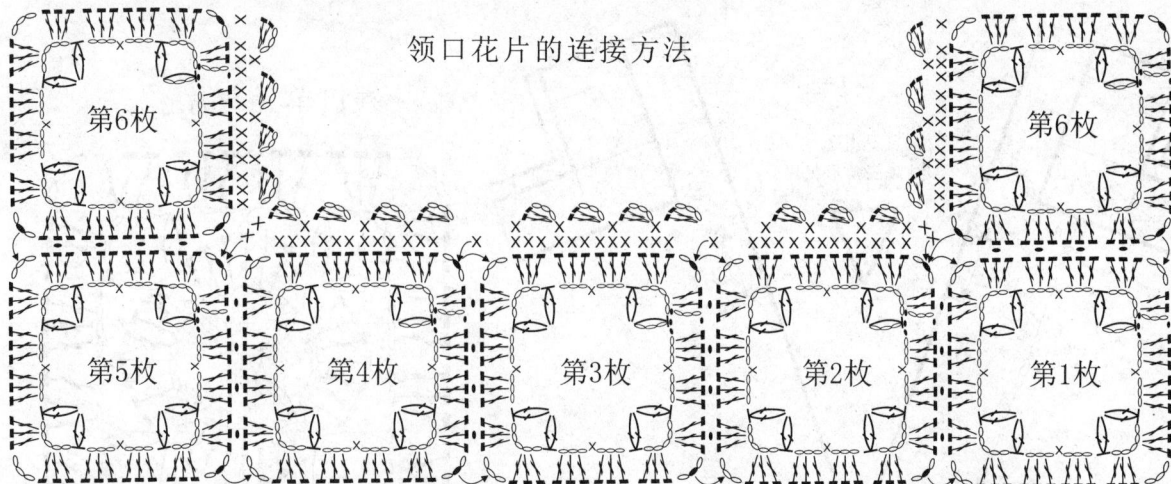

领口花片的连接方法

第6枚　第6枚
第5枚　第4枚　第3枚　第2枚　第1枚

花样B

针法说明

○ = 锁针			= 3长长针的枣形针
× = 短针			= 3长针的枣形针
† = 长针			= 狗牙拉针
† = 长长针			= 2短针并1针
● = 引拔针			= 2长针并1针
† = 长长针			= 3长针并1针
† = 2长针的枣形针		► = 断线
		▷ = 接线

袖窿三角形花片

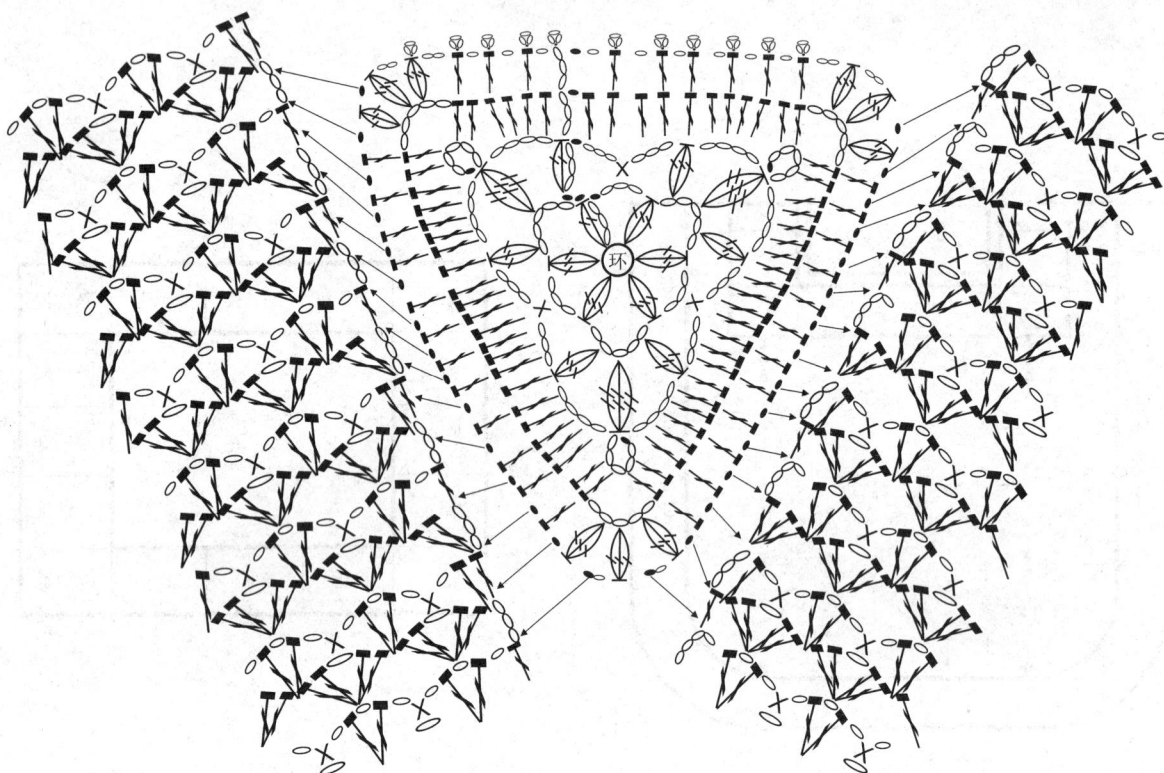

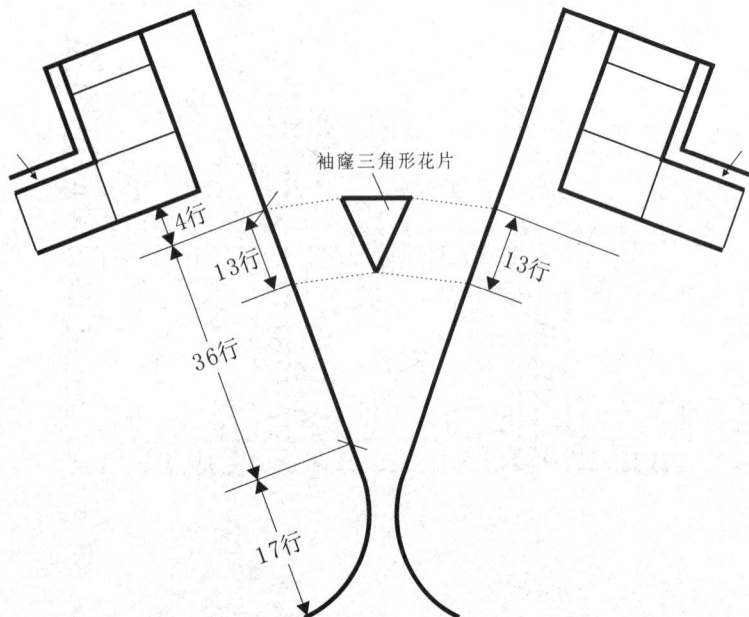

袖窿三角形花片

4行
13行
13行
36行
17行

领口单元花片

前后身片（花样A）

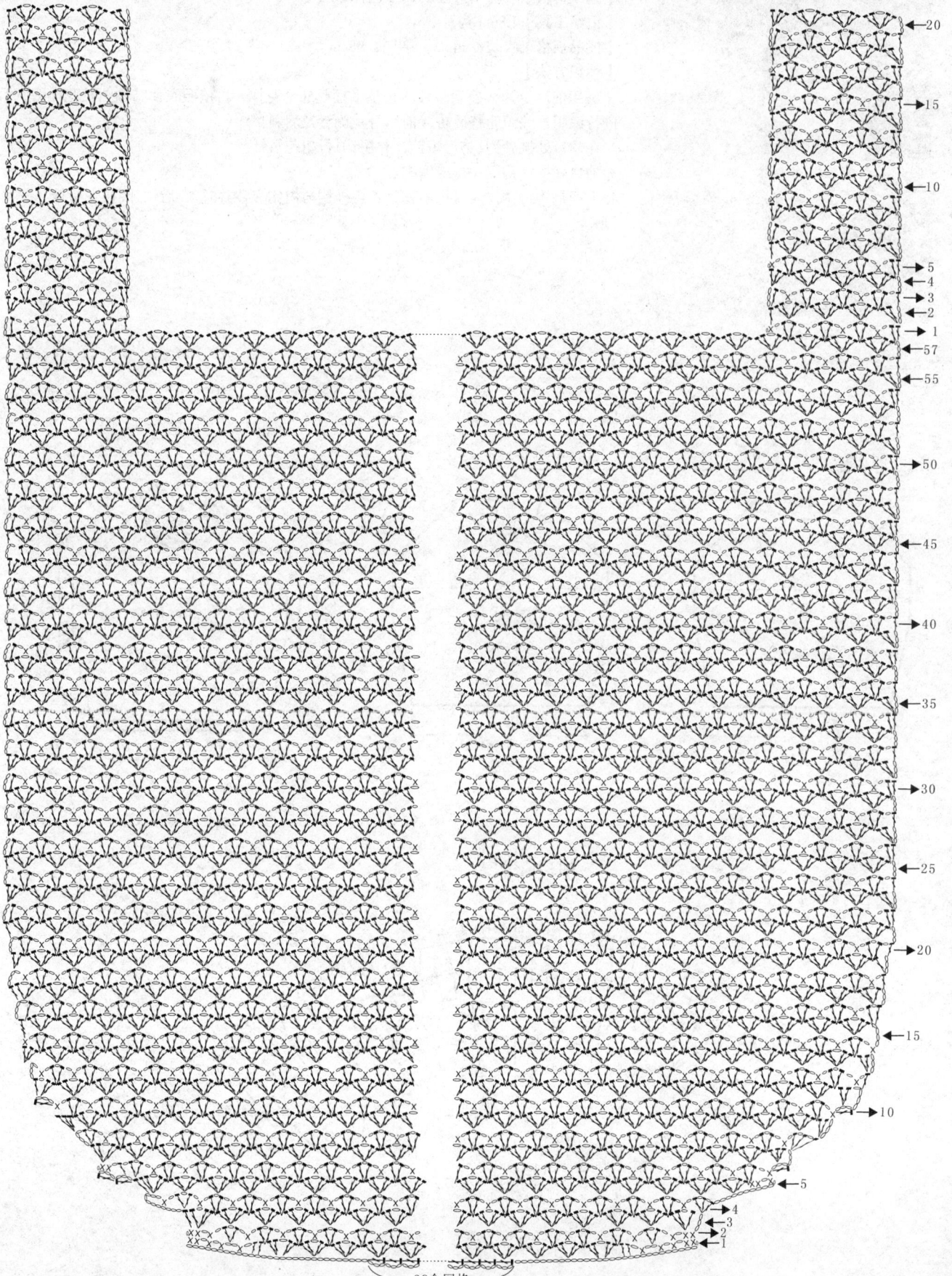

→20

→15

←10

→5
←4
←3
←2
→1
←57
←55

→50

←45

→40

←35

→30

←25

→20

←15

→10

←5
←4
←3
←1

珍珠木耳

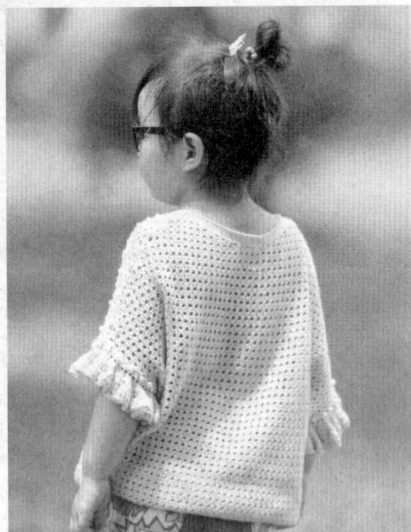

【编织材料】澳赛尔天丝线15号色，240g
【编织工具】1.8mm钩针
【成品规格】衣长：44cm　胸围：98cm
【编织方法】
1. 编织前后身片，前后身片均是从下摆起50个花样，再依照衣片结构图及花样图所示进行编织，编织完整后拼接前后身片侧缝及肩斜处。
2. 在领口处挑针钩织5行短针，外层钩1行扭花短针。
3. 袖口处挑针钩织10行缘编织。
4. 下摆是钩1行短针、1行中长针，再外钩与内钩交替共5行，后钩1圈扭花短针。

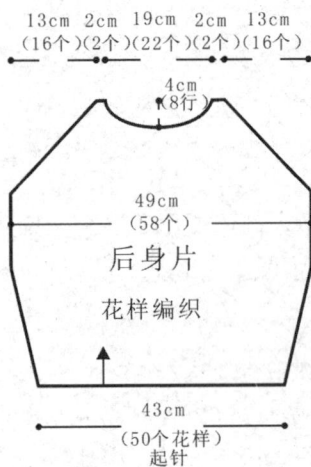

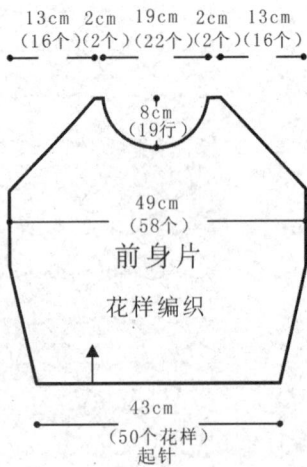

袖口、下摆示意图

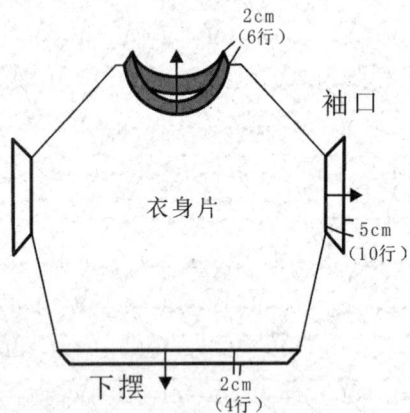

13cm 2cm 19cm 2cm 13cm
（16个）（2个）（22个）（2个）（16个）

4cm
（8行）

10cm
（26行）

49cm
（58个）

后身片

花样编织

11cm
（25行）

23cm
（45行）

43cm
（50个花样）
起针

13cm 2cm 19cm 2cm 13cm
（16个）（2个）（22个）（2个）（16个）

8cm
（19行）

49cm
（58个）

前身片

花样编织

43cm
（50个花样）
起针

2cm
（6行）

袖口

衣身片

5cm
（10行）

下摆

2cm
（4行）

袖口花边

→10行
→7、9行
→6、8行
→5行
→4行
1～3行

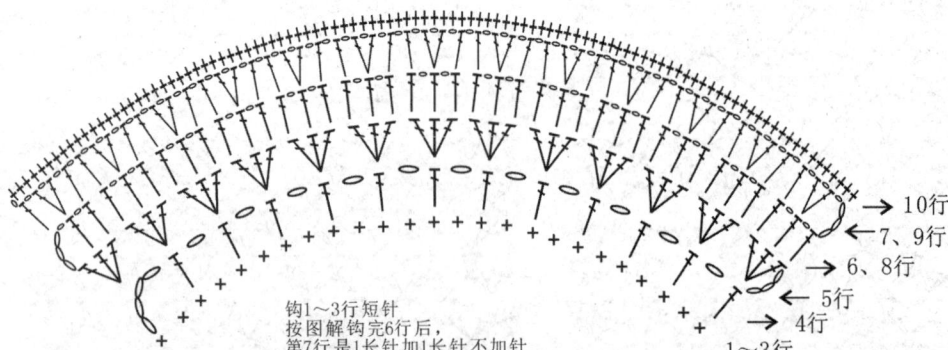

钩1～3行短针
按图解钩完6行后，
第7行是1长针加1长针不加针
（即6行的每4针第7行要为6针）
第8行把上一行没加针的那一针加
针
钩法和7、8行的图解一样
再不加不减钩1行长针1辫子针，
最后是一行短针

衣身侧边编织

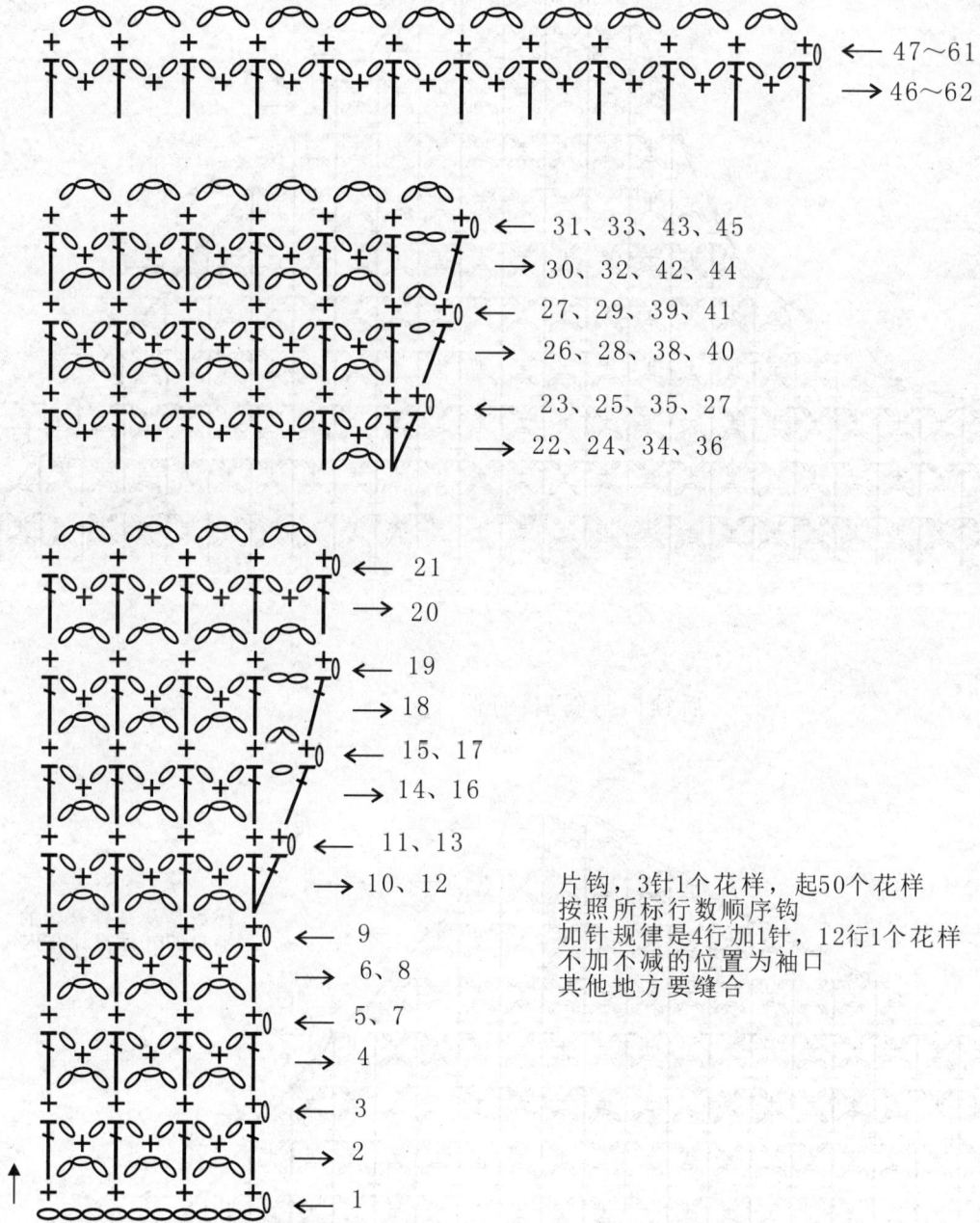

← 47~61
→ 46~62

← 31、33、43、45
→ 30、32、42、44
← 27、29、39、41
→ 26、28、38、40
← 23、25、35、27
→ 22、24、34、36

← 21
→ 20
← 19
→ 18
← 15、17
→ 14、16
← 11、13
→ 10、12
← 9
→ 6、8
← 5、7
→ 4
← 3
→ 2
← 1

片钩，3针1个花样，起50个花样
按照所标行数顺序钩
加针规律是4行加1针，12行1个花样
不加不减的位置为袖口
其他地方要缝合

领边是5圈短针，1圈扭花短针
底边是1圈短针，1圈中长针，5行1外钩1内圈，1圈扭花短针
底边收边：2辫子上钩1短针，短针上上1短针，原每3针变为2针。
钩完内钩收边时，每4针变为3扭花短针

前领口与斜肩图解

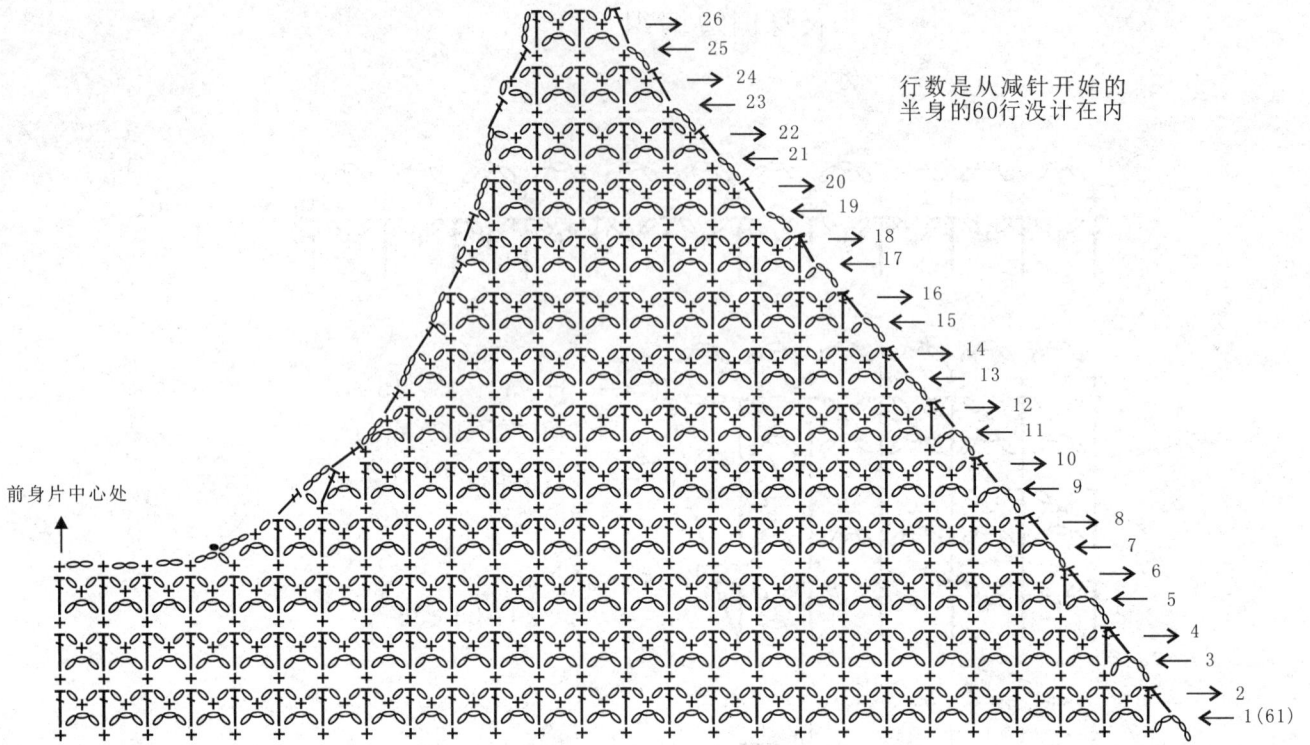

行数是从减针开始的
半身的60行没计在内

前身片中心处

26
25
24
23
22
21
20
19
18
17
16
15
14
13
12
11
10
9
8
7
6
5
4
3
2
1(61)

后领口与斜肩图解

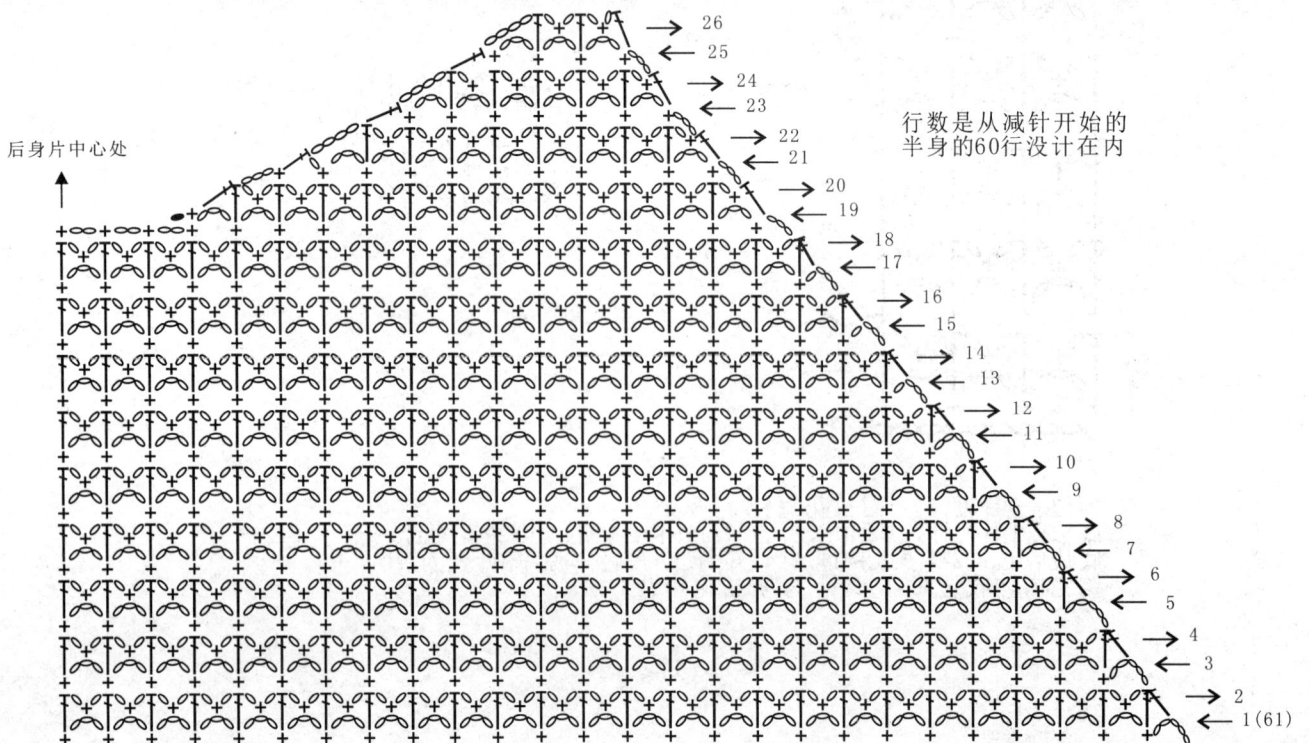

行数是从减针开始的
半身的60行没计在内

后身片中心处

26
25
24
23
22
21
20
19
18
17
16
15
14
13
12
11
10
9
8
7
6
5
4
3
2
1(61)

娇俏白马甲

【编织材料】白色松树纱200g，白色零线少许，黑色缎带蝴蝶结1个，扣子1枚
【编织工具】4.0mm钩针
【成品规格】长：28.5cm　宽：29cm　肩宽：23cm
【编织方法】
1. 前后身片都用2股黑色线编织花样，从底边编织到肩部，注意前片是圆下摆，需要逐渐加针成弧形。
2. 用1短针、1锁针的方法缝合肩部、腋下。
3. 门襟上端内侧缝上扣子，另一侧门襟用白色线钩8针辫子当扣眼。
4. 引拔钩织2根饰带，做2个毛球分别缝在饰带两端，缝在门襟边适当位置，胸前别上缎带蝴蝶结装饰。

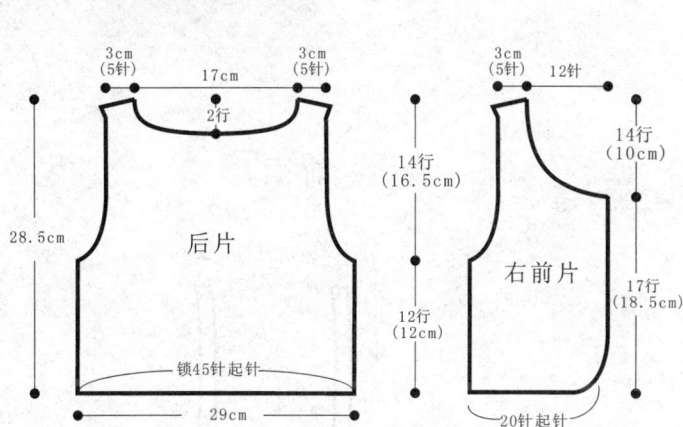

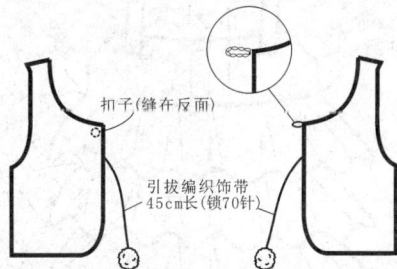

马甲左前片

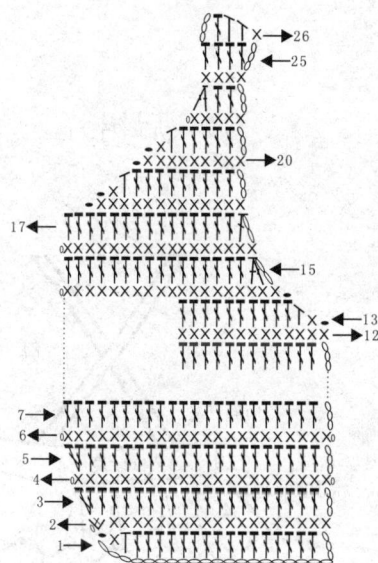

针法说明

○ = 锁针
× = 短针
T = 中长针
＄ = 长针
● = 引拔针
∨ = 1针里面织2个短针
A = 2长针并1针
∧ = 3长针并1针
➡ = 编织方向

马甲右前片

马甲后片

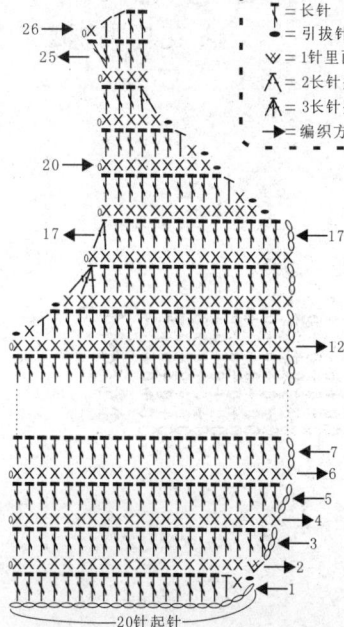

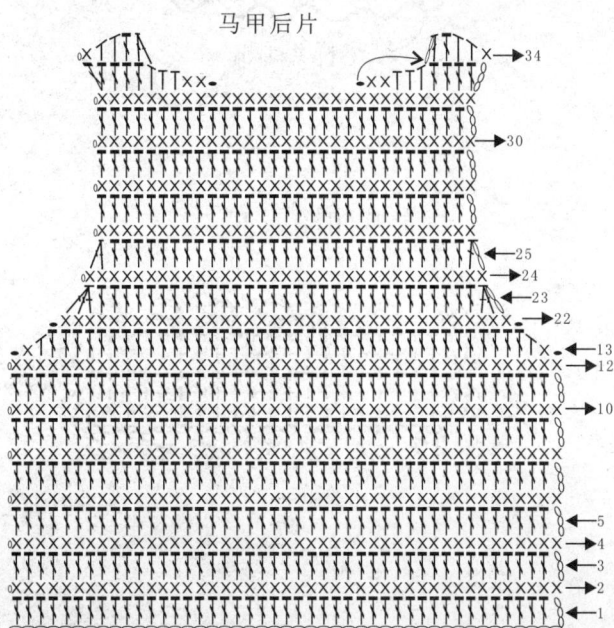

童谣

【编织材料】蕾丝线200g
【编织工具】2.2mm钩针
【编织方法】
1. 起针10的倍数，样衣起针190针，往返圈钩上半身花样，钩12行左右。
2. 分一半针数钩前片，每行头尾各减1针，钩12行左右。
3. 边缘用扭花针钩一圈边。
4. 从辫子起针处向下钩裙摆，如图所示。
5. 背带是每边4条虾辫缝合而成，记得中间那条在相应位置留出扣眼，扣眼个数依人而定，样衣为3个扣眼，虾辫长度为57cm左右。

后裙片

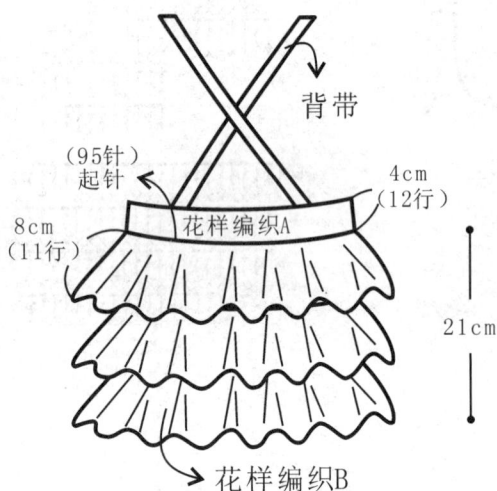

背带
（95针）
起针
8cm
（11行）
4cm
（12行）
花样编织A
21cm
→ 花样编织B

前裙片

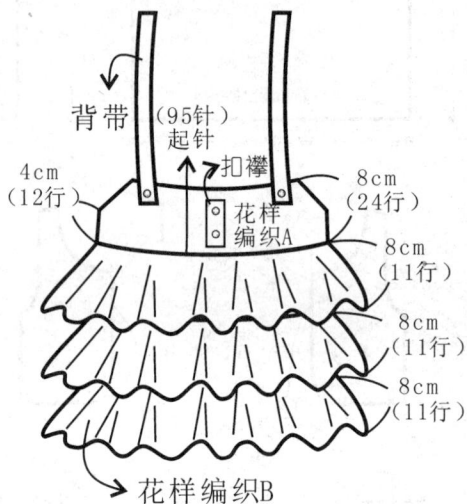

背带
（95针）
起针
扣攀
4cm
（12行）
花样编织A
8cm
（24行）
8cm
（11行）
8cm
（11行）
8cm
（11行）
→ 花样编织B

花样编织A

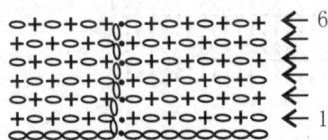

前片扣攀

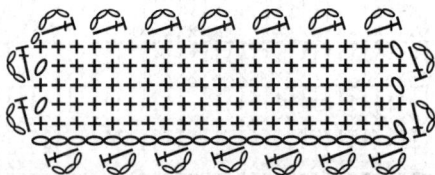

里层花样C

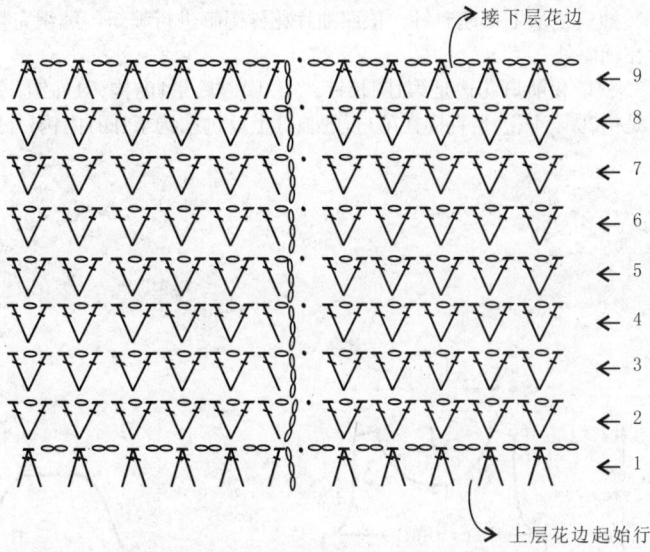

接下层花边

← 9
← 8
← 7
← 6
← 5
← 4
← 3
← 2
← 1

上层花边起始行

花边花样B

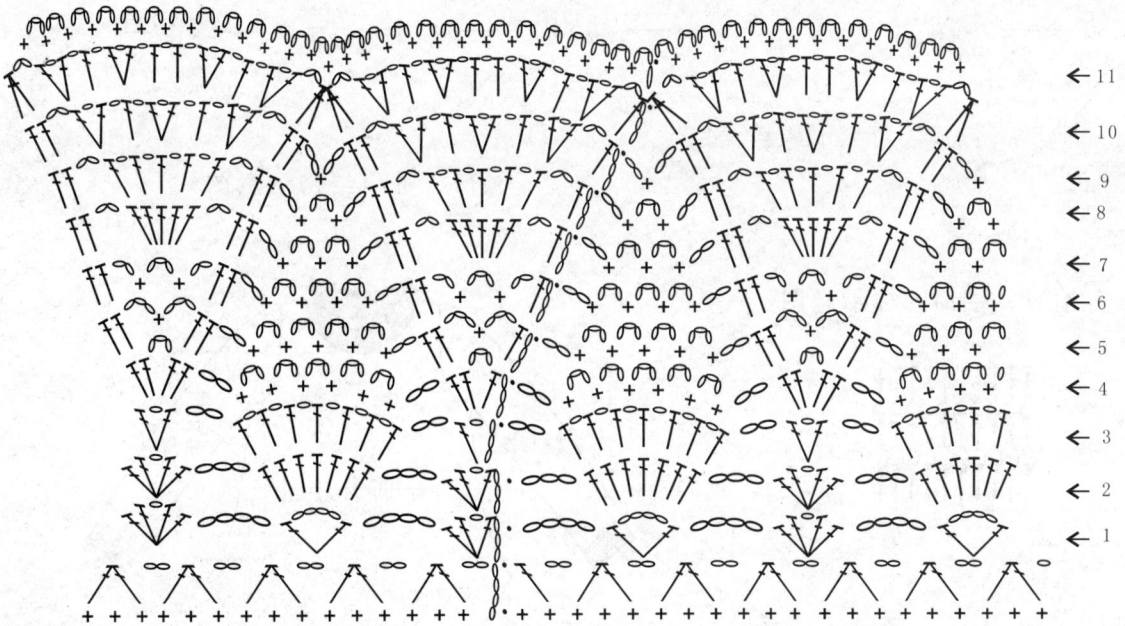

← 11
← 10
← 9
← 8
← 7
← 6
← 5
← 4
← 3
← 2
← 1

罗兰椒

【编织材料】3股30支羊毛线350g
【编织工具】3.0mm钩针
【成品规格】衣长：51cm　胸围：64cm　袖长：40cm
【编织方法】
1. 前后身片均是从下摆起91针，再依照前后图解所示进行编织，编织完整后拼接前后身片及肩斜处。
2. 袖口是从下摆起51针，依照袖片花样图解进行编织，编织完整后缝合侧缝，并拼接在袖窿处。
3. 领口和袖口花边是第1圈长针，第2圈以后是1内钩，1外钩，一共钩3圈，内外长针是钩2圈，底边是直接在第1行的长针上反过来钩了1圈1内钩1外钩。

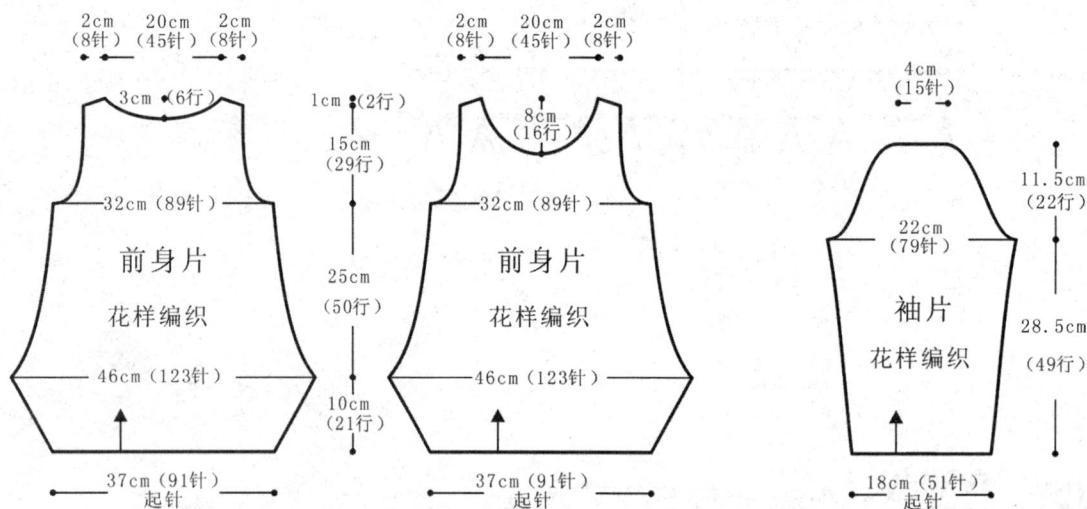

2cm（8针）　20cm（45针）　2cm（8针）
3cm（6行）
1cm（2行）
15cm（29行）
32cm（89针）
前身片 花样编织
25cm（50行）
46cm（123针）
10cm（21行）
37cm（91针）起针

2cm（8针）　20cm（45针）　2cm（8针）
8cm（16行）
32cm（89针）
前身片 花样编织
46cm（123针）
37cm（91针）起针

4cm（15针）
11.5cm（22行）
22cm（79针）
袖片 花样编织
28.5cm（49行）
18cm（51针）起针

领口、袖口结构示意图

领口、袖口花样示意图

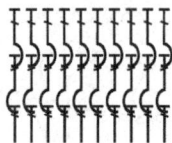

左袖片　右袖片　前身片

后领口编织图解

前领口编织图解

后身片中心处

前身片中心处

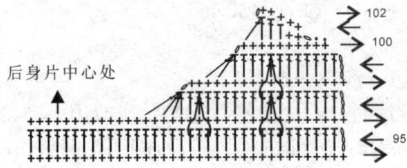

袖片编织图解

袖片中心处

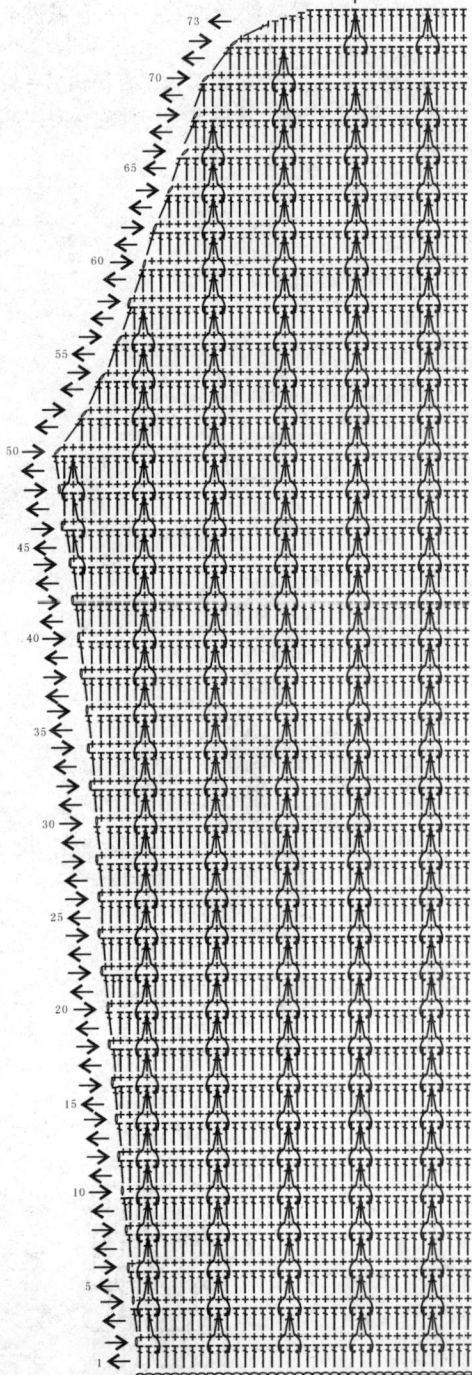

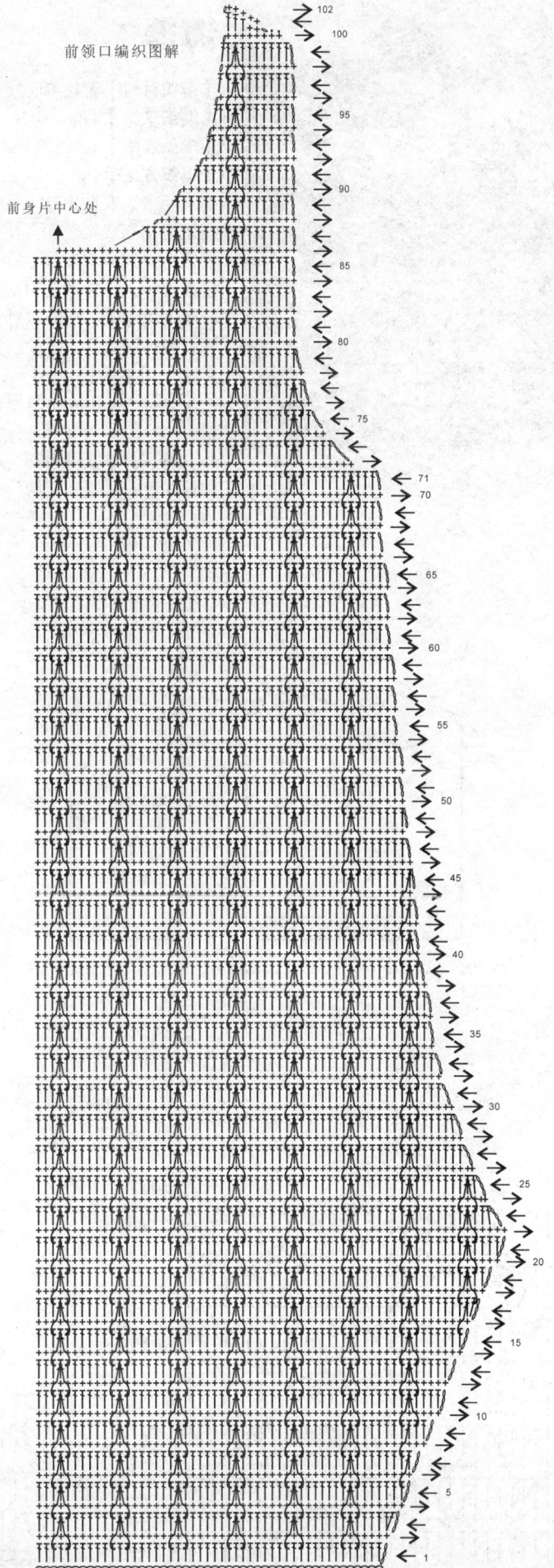

海藻

【编织材料】花色羊驼线450g

【编织工具】4.0mm钩针　2.5mm钩针

【成品规格】衣长：39cm　胸围：88cm　袖长：20cm

【编织方法】

编织顺序，衣身片3片—缝合—底边—前襟—袖子。

1. 正身用双股线，10号钩针，后身片起77针，前身片起37针（或用 $n \times 5 + 2$ 公式换算）下摆内外钩用双股线，10号钩针，钩时10针减1针，最后1圈用单股线，6号钩针，钩扭花短针，每长针上钩1针。

2. 前襟用单股，6号钩针，第1行挑钩长针，然后钩内、外钩针，最后1圈钩扭花短针，隔1针钩1针，手放松些。

3. 袖子用单股线，6号钩针，从袖口直接挑钩长针，挑56针，圈钩外长针。每到3～4行减1针，减针只在结尾这边减针，不在开头的位置减针，如果左右对称减就会歪斜。

4. 扣眼，样衣为大扣眼，钩完外钩后，钩6辫子，空一针内钩不钩，直接钩另一针外钩针，下一行这一针钩一针短针。一个扣眼就就会产生，然后继续钩外钩、内钩。

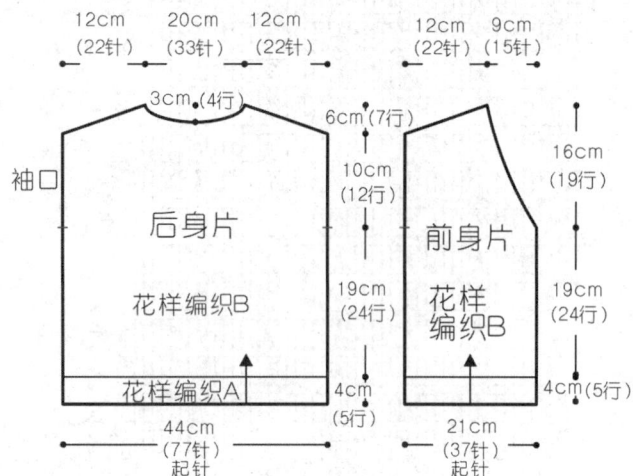

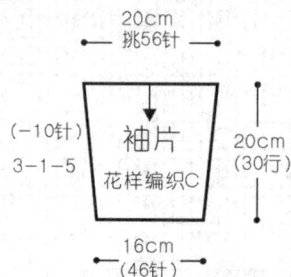

领口、门襟示意图

花样编织A

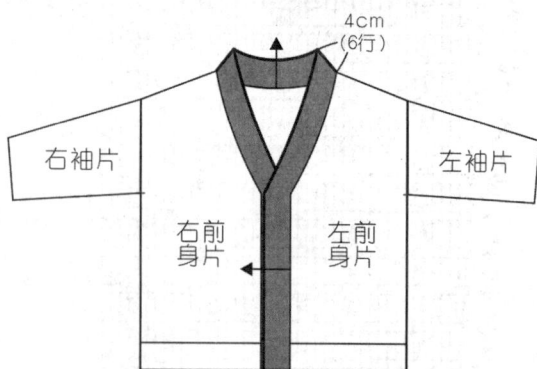

花样编织B

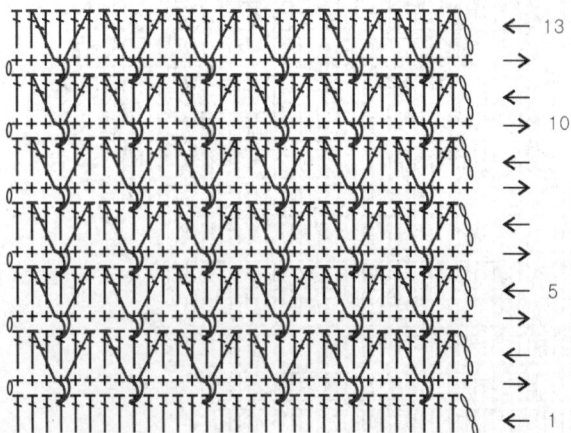

花样编织A

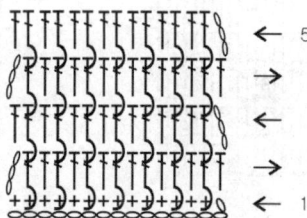

花样编织C

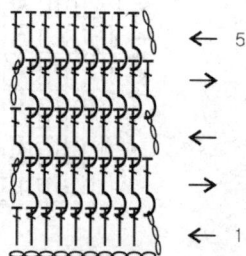

前身片示意图

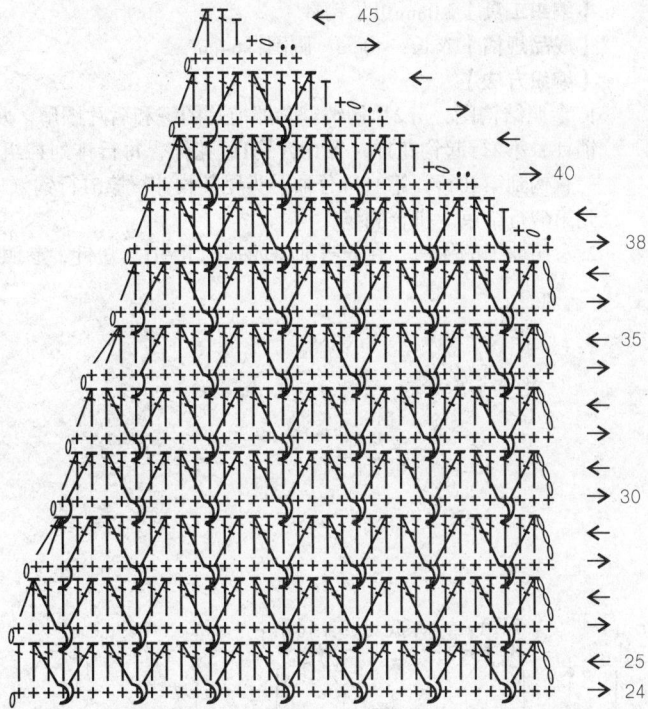

后身片示意图

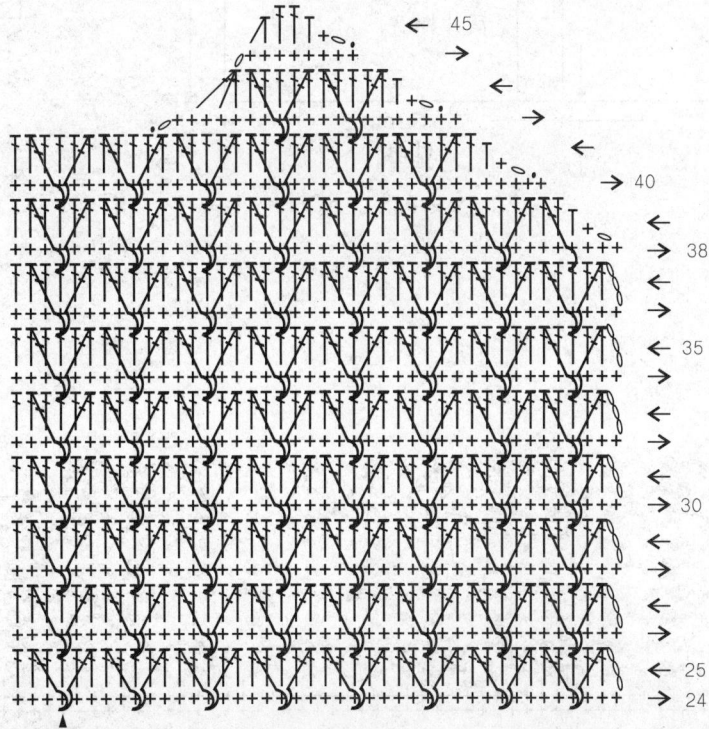

后身片中心处

下面行为不加不减15个花样24行，26~37是袖口位，不缝合

仙野蔷薇

【编织材料】亚麻线150g

【编织工具】2.0mm可乐钩针

【成品规格】衣长：40cm　胸围：64cm

【编织方法】

1. 参照结构图，分2片钩编。参照前片图解和后片图解。从下摆起针，第1行起121针锁针，第2行起钩花样，每10针钩1组花样，每行排列12组花样。每钩4行重复花样。一直钩到第40行，第41行分袖，头尾各收针。第51行钩领口，前后领口不同。一直钩到第67行结束。拼合侧缝。

2. 参照袖子的钩法，在衣身袖口的基础上钩1行短针，参照图解钩12行。

结构图

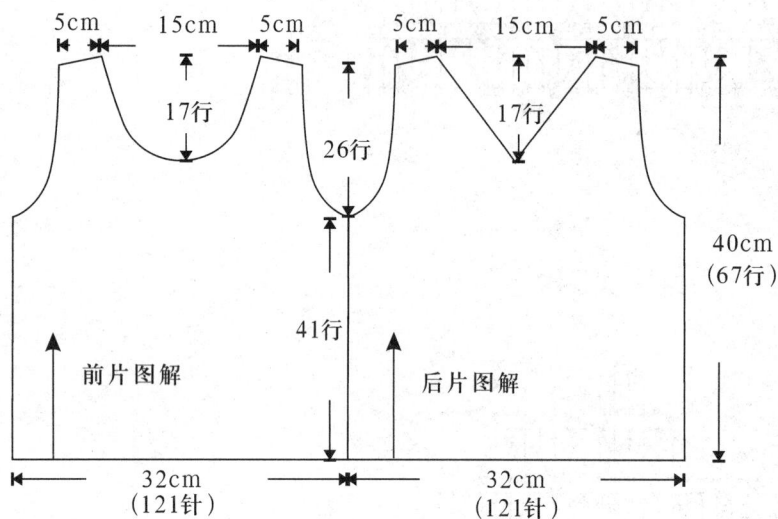

效果图

袖子图解

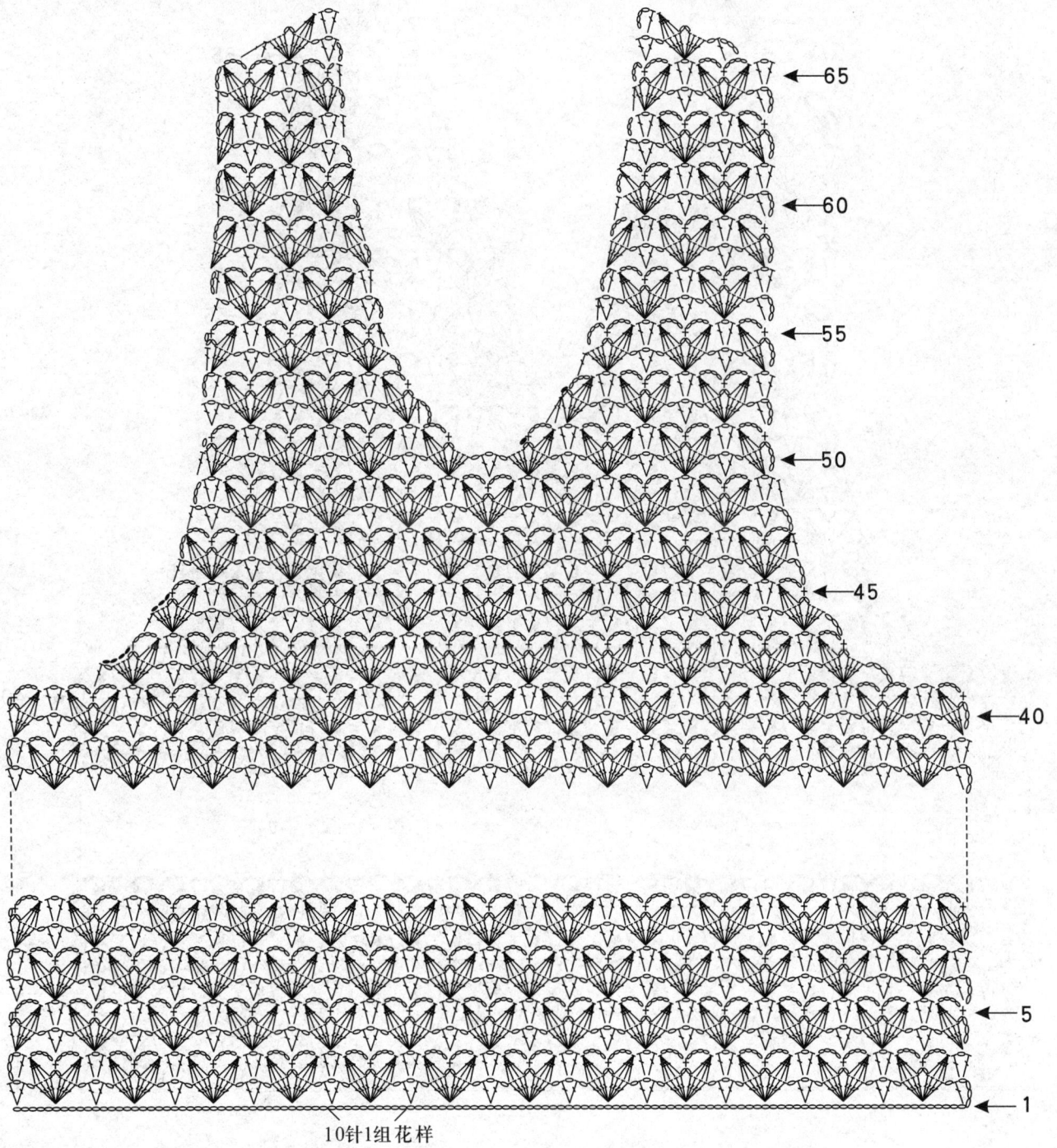

前片图解

←65

←60

←55

←50

←45

←40

←5

←1

10针1组花样

后片图解

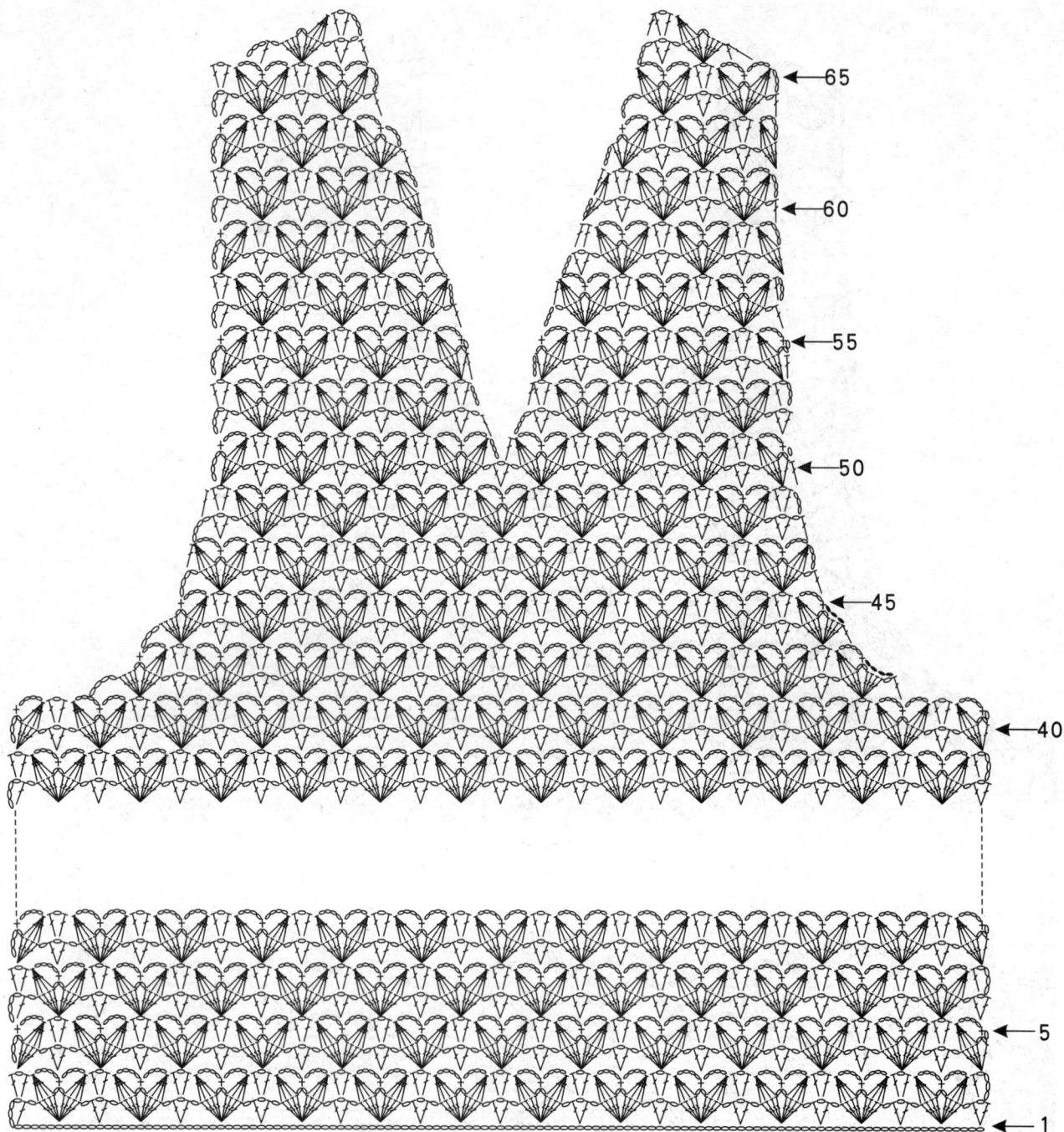

← 65

← 60

← 55

← 50

← 45

← 40

← 5

← 1

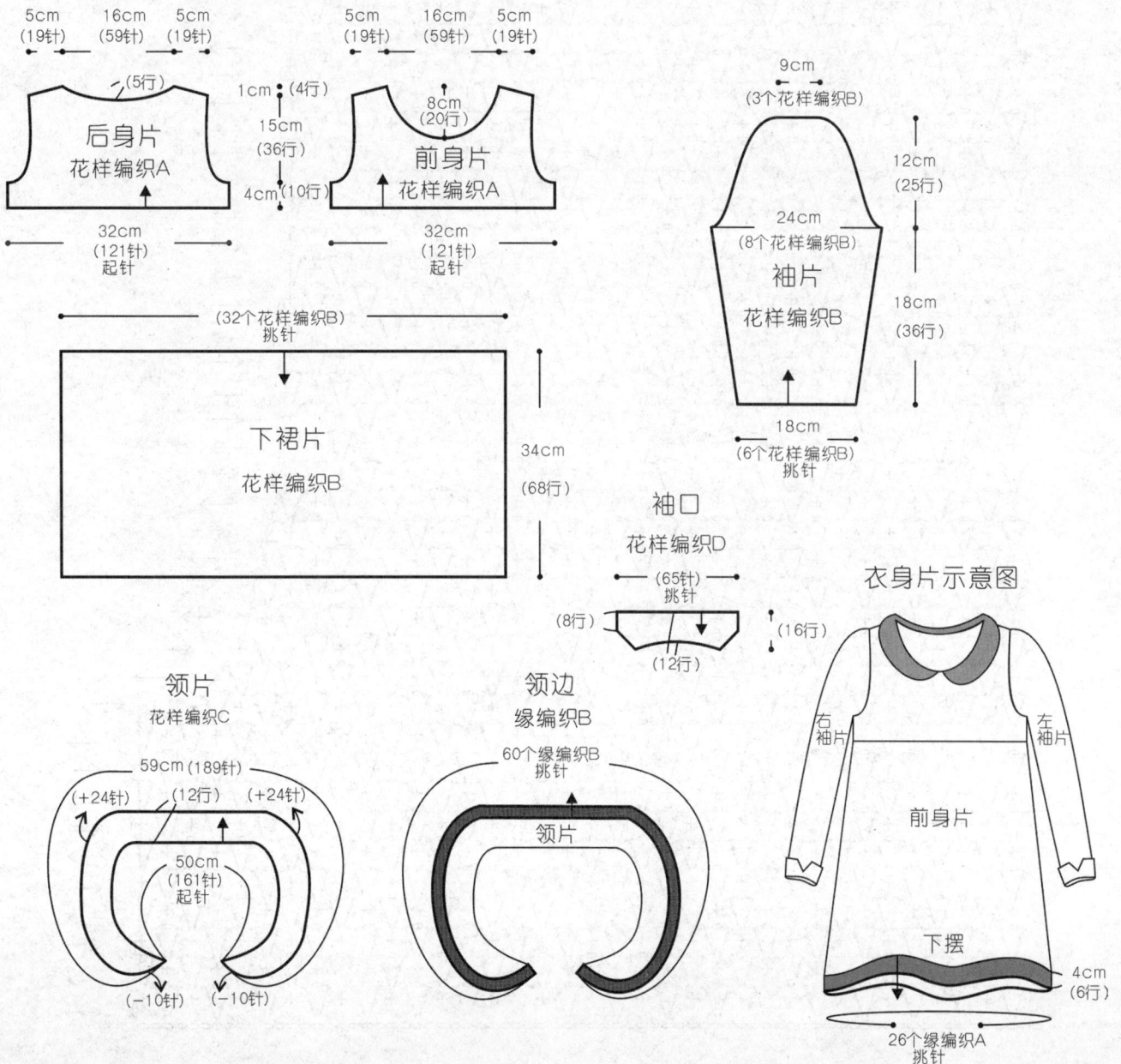

娴静

【编织材料】冰点的细藏蓝蕾丝350g，白色蕾丝30g
【编织工具】1.5mm钩针
【成品规格】衣长：54cm　胸围：64mm　袖长：30cm
【编织方法】

1. 编织前后上身片，前后上身片均是从下摆起121针，依照前后身片花样编织示意图所示分别进行编织，编织完整上身片后缝合前后侧缝及肩斜。

2. 在上身片下摆处挑32个花样编织B，圈状编织68行编织下裙片，编织完整后在下摆处挑26个缘编织。

3. 编织袖片，袖片是从袖口起6个花样编织B，依照袖片花样编织示意图编织左右袖片，编织完整后缝合在衣身袖窿处。

4. 编织领片，依照领片编织方法所示编织领片，并在领片边缘挑针钩织60个缘编织B。

5. 依照袖口编织示意图所示编织袖口，编织完整后缝合在袖片底边上。

5cm
(19针)　16cm
(59针)　5cm
(19针)

5cm
(19针)　16cm
(59针)　5cm
(19针)

(5行)

1cm (4行)

8cm
(20行)

15cm
(36行)

后身片
花样编织A

前身片
花样编织A

4cm(10行)

32cm
(121针)
起针

32cm
(121针)
起针

9cm
(3个花样编织B)

12cm
(25行)

24cm
(8个花样编织B)

袖片
花样编织B

18cm
(36行)

18cm
(6个花样编织B)
挑针

(32个花样编织B)
挑针

下裙片
花样编织B

34cm
(68行)

袖口
花样编织D

(65针)
挑针

(8行)

(12行)

(16行)

衣身片示意图

右袖片　左袖片

前身片

下摆

4cm
(6行)

领片
花样编织C

59cm(189针)

(+24针)　(12行)　(+24针)

50cm
(161针)
起针

(-10针)　(-10针)

领边
缘编织B

60个缘编织B
挑针

领片

26个缘编织A
挑针

后身片编织示意图

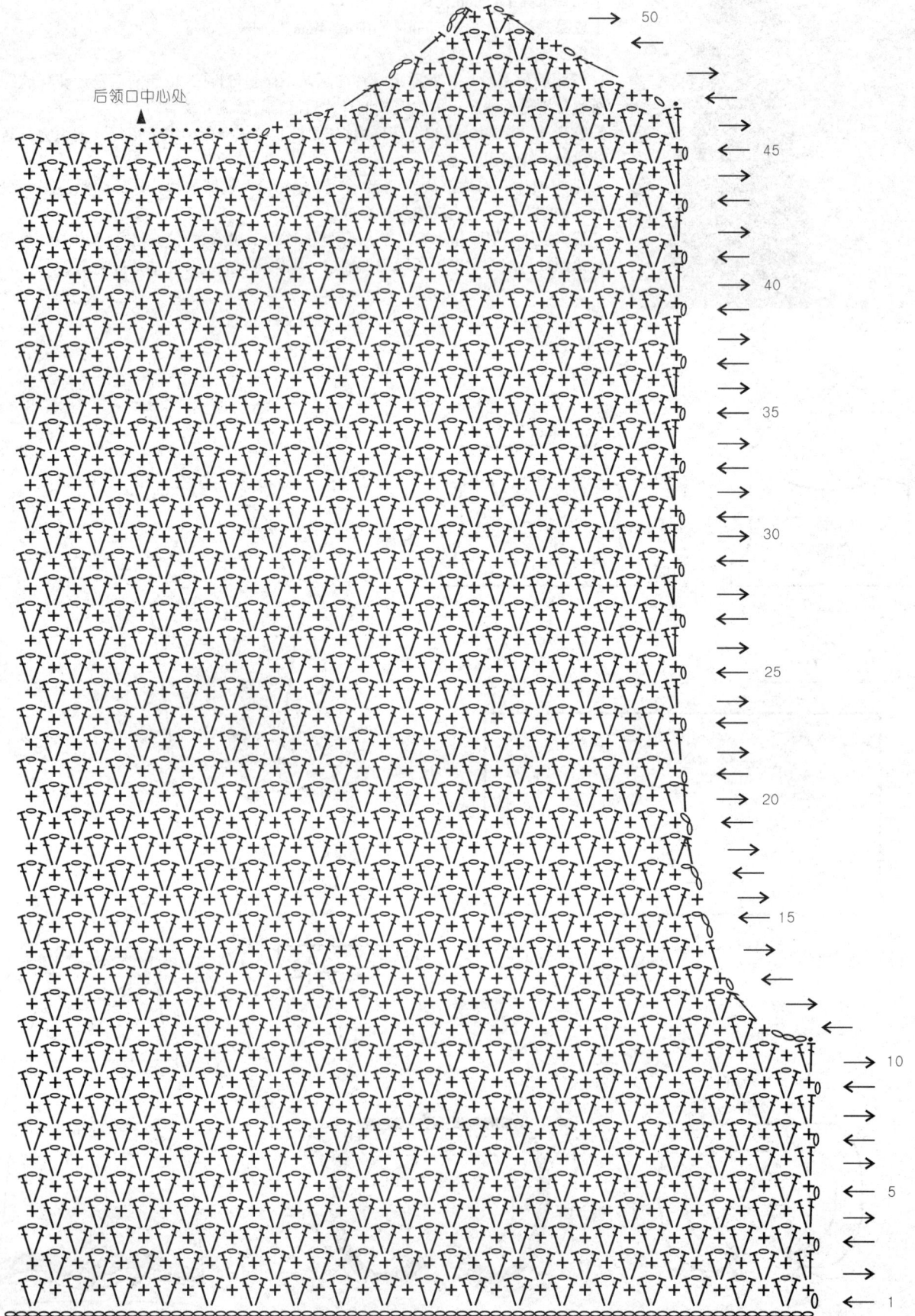

后领口中心处

→ 50

← 45

→ 40

← 35

→ 30

← 25

→ 20

← 15

→ 10

← 5

← 1

前身片编织示意图

前领口中心处

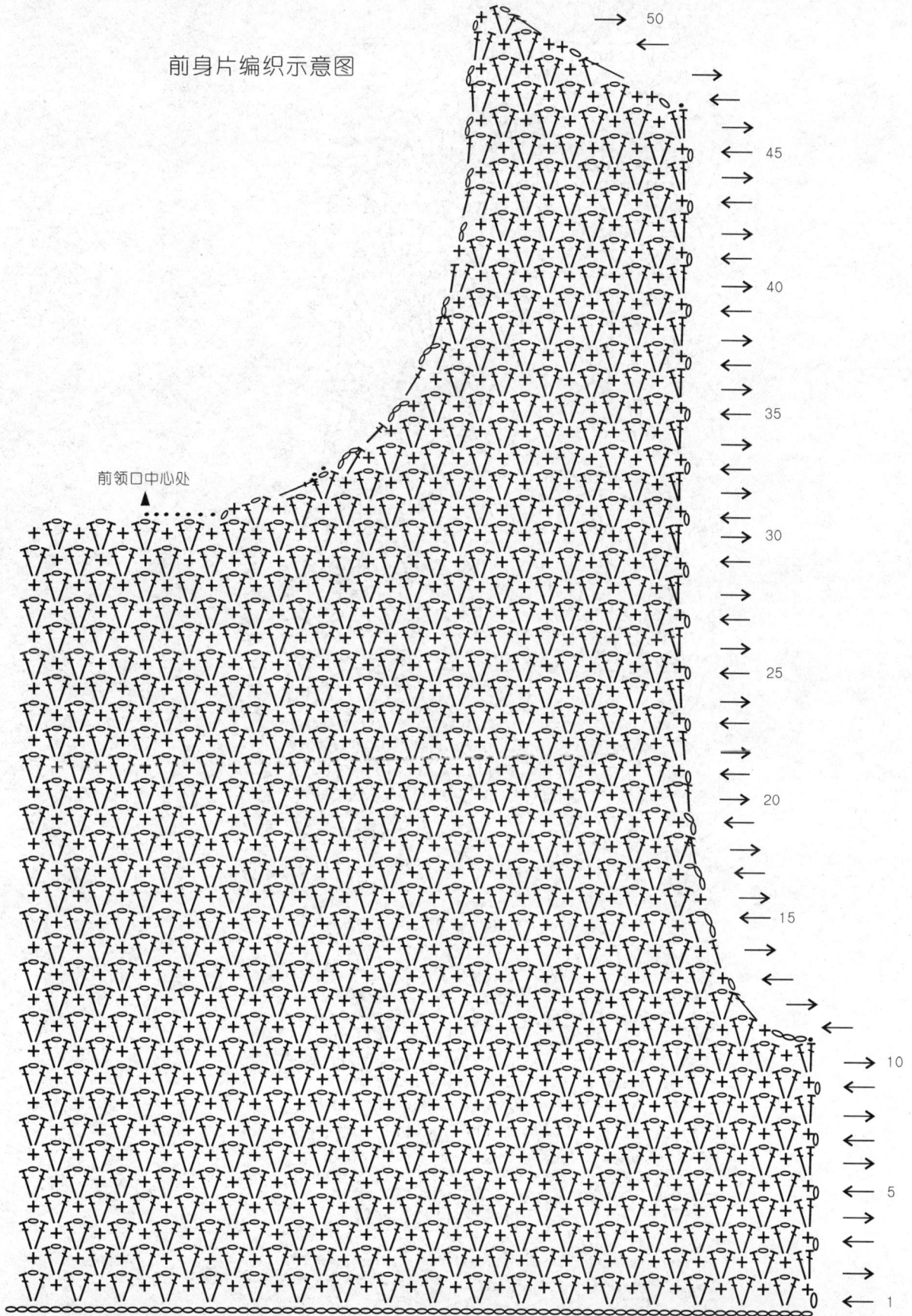

袖片编织示意图

袖片中心处

61
60

55

50

45

40

35

30

25

20

15

10

5

1

袖片编织示意图

袖片中心处

领片编织示意图
花样编织C

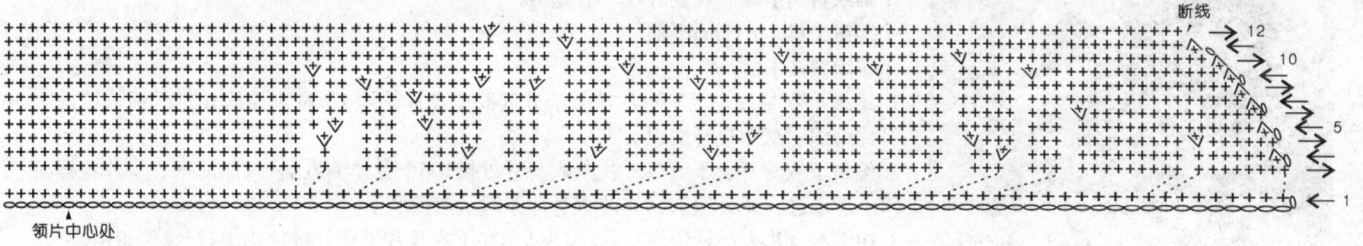

断线

12
10
5
1

领片中心处

花样编织B

→ 16
← 15
→
←
→
→
← 5
→
←
→
← 1

10针1花样

领片缘编织B

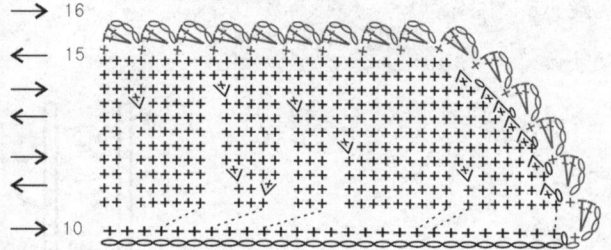

15
10

花样编织A

← 9
→
←
→
← 5
→
←
→
← 1

下摆缘编织A

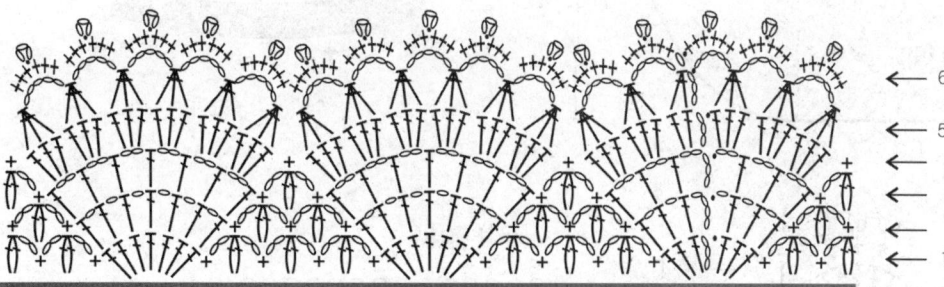

← 6
← 5
→
←
→
← 1

袖口编织示意图
花样编织D

→ 16
← 15

12
10
5
1

65针

小情歌

【编织材料】蝶恋花亚麻线单股150g

【编织工具】1.15mm钩针

【编织方法】

1. 编织上衣身片，上衣身片从腰节处起38个花样编织A，往上编织10行，后依照前上身片编织示意图进行编织。

2. 编织下衣身片，下衣身片从上衣身片处挑106个花样编织B，依照前下衣身片花样编织示意图进行减针编织，如前下身片编织示意图所示。

3. 在上衣身片上挑针钩织3行缘编织A，在下衣身片下摆处挑针钩织4行缘编织B。

4. 编织肩带，依照肩带编织图所示进行编织，编织22cm长后，缝合固定在前后衣身片上。

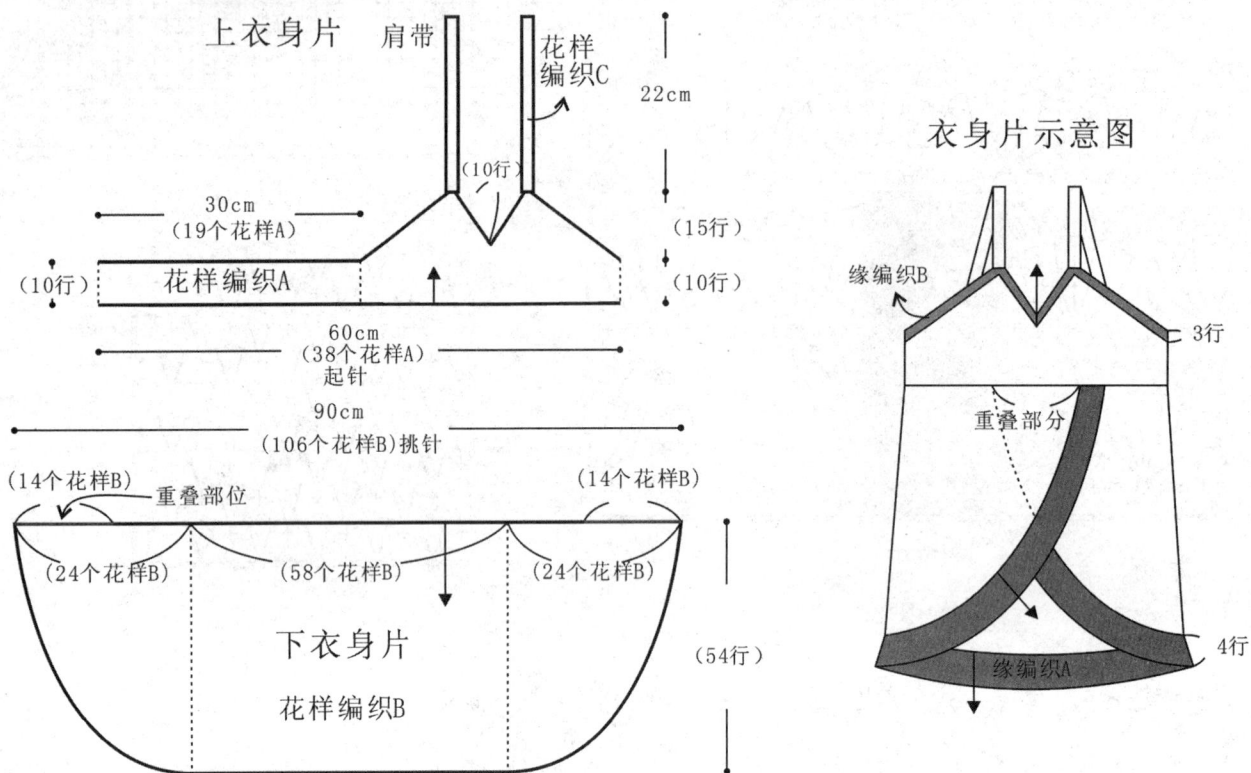

上衣身片　肩带　花样编织C

22cm

（10行）

30cm
（19个花样A）

（15行）

（10行）　花样编织A

（10行）

60cm
（38个花样A）
起针

90cm
（106个花样B）挑针

（14个花样B）　重叠部位　（14个花样B）

（24个花样B）　（58个花样B）　（24个花样B）

下衣身片
花样编织B

（54行）

衣身片示意图

缘编织B

3行

重叠部分

缘编织A

4行

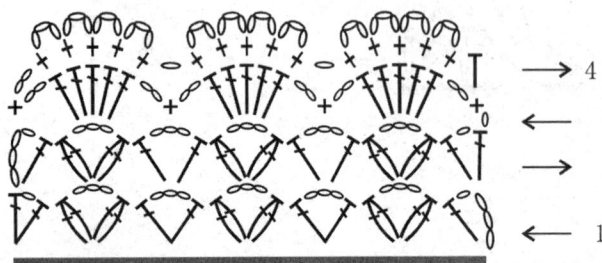

下摆缘编织A

4

1

上边缘编织B

3
1

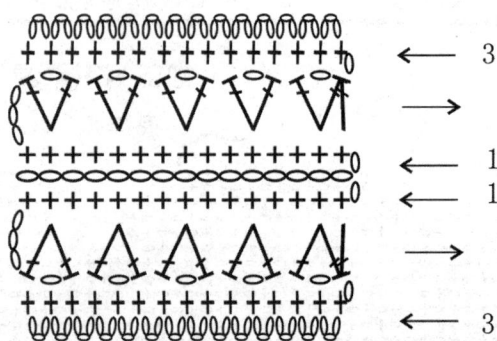

肩带
花样编织C

3

1
1

3

前上衣片编织示意图

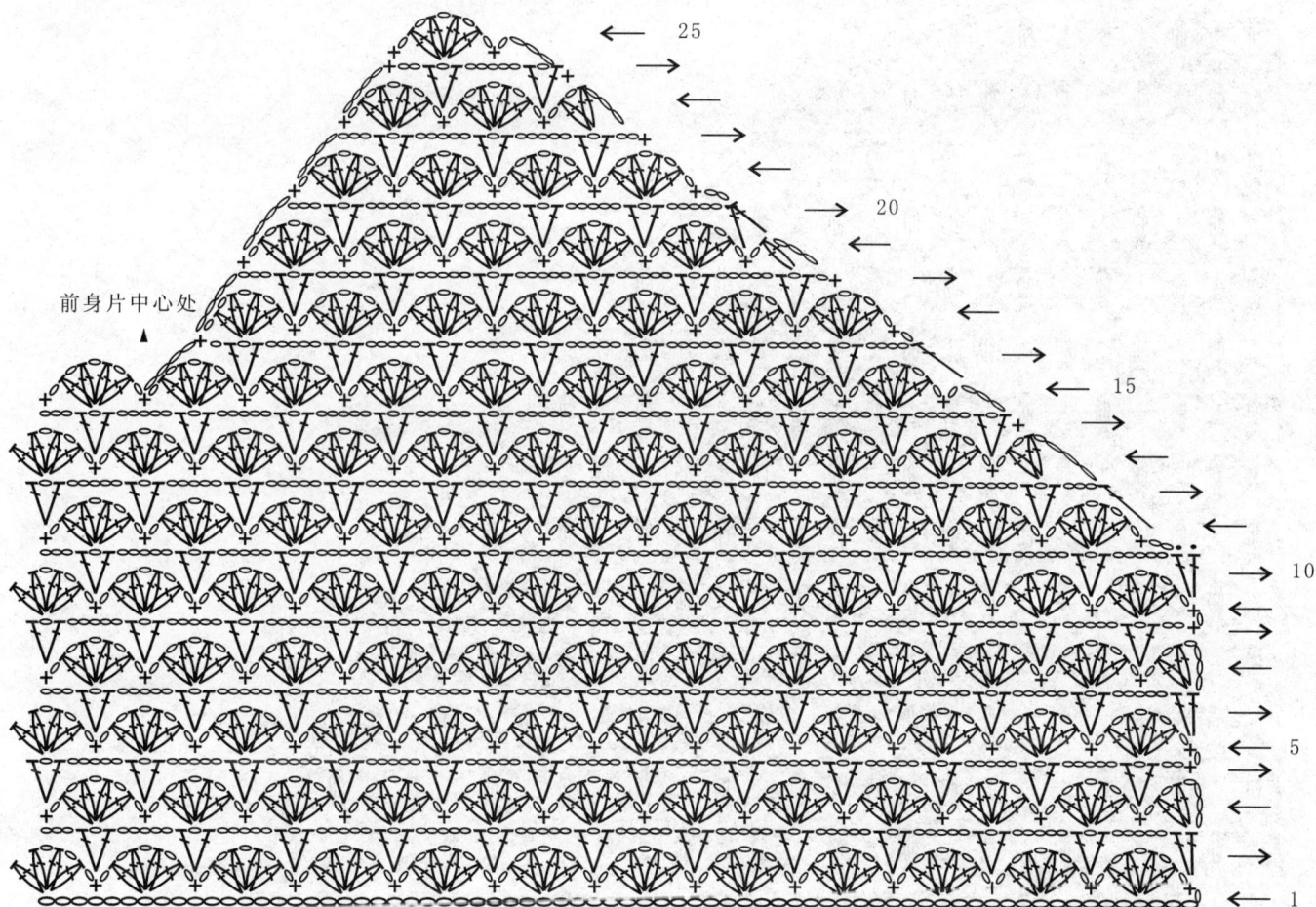

← 25
→
→ 20
←
← 15
←
→ 10
→ 5
← 1

前身片中心处 ▲

花样编织B

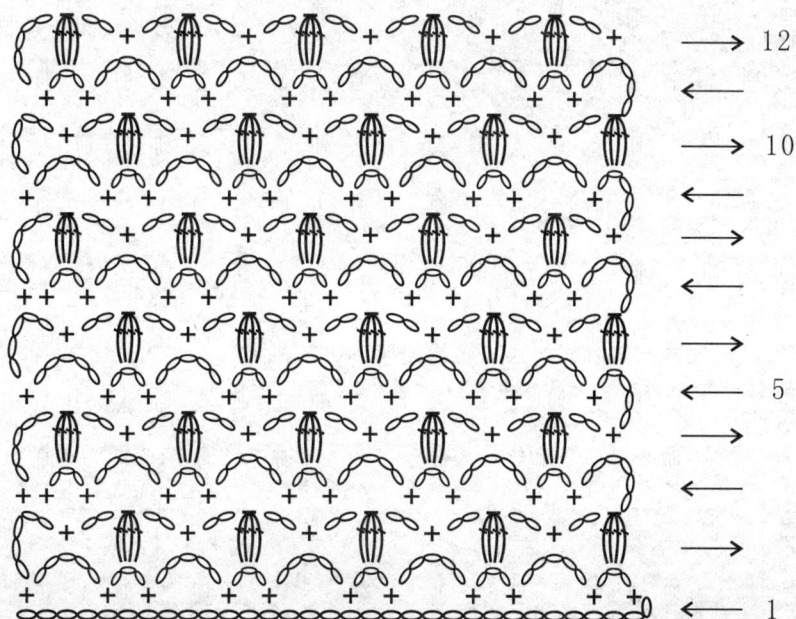

→ 12
←
→ 10
←
→
←
→ 5
←
→
←
→
← 1

前下衣片编织示意图

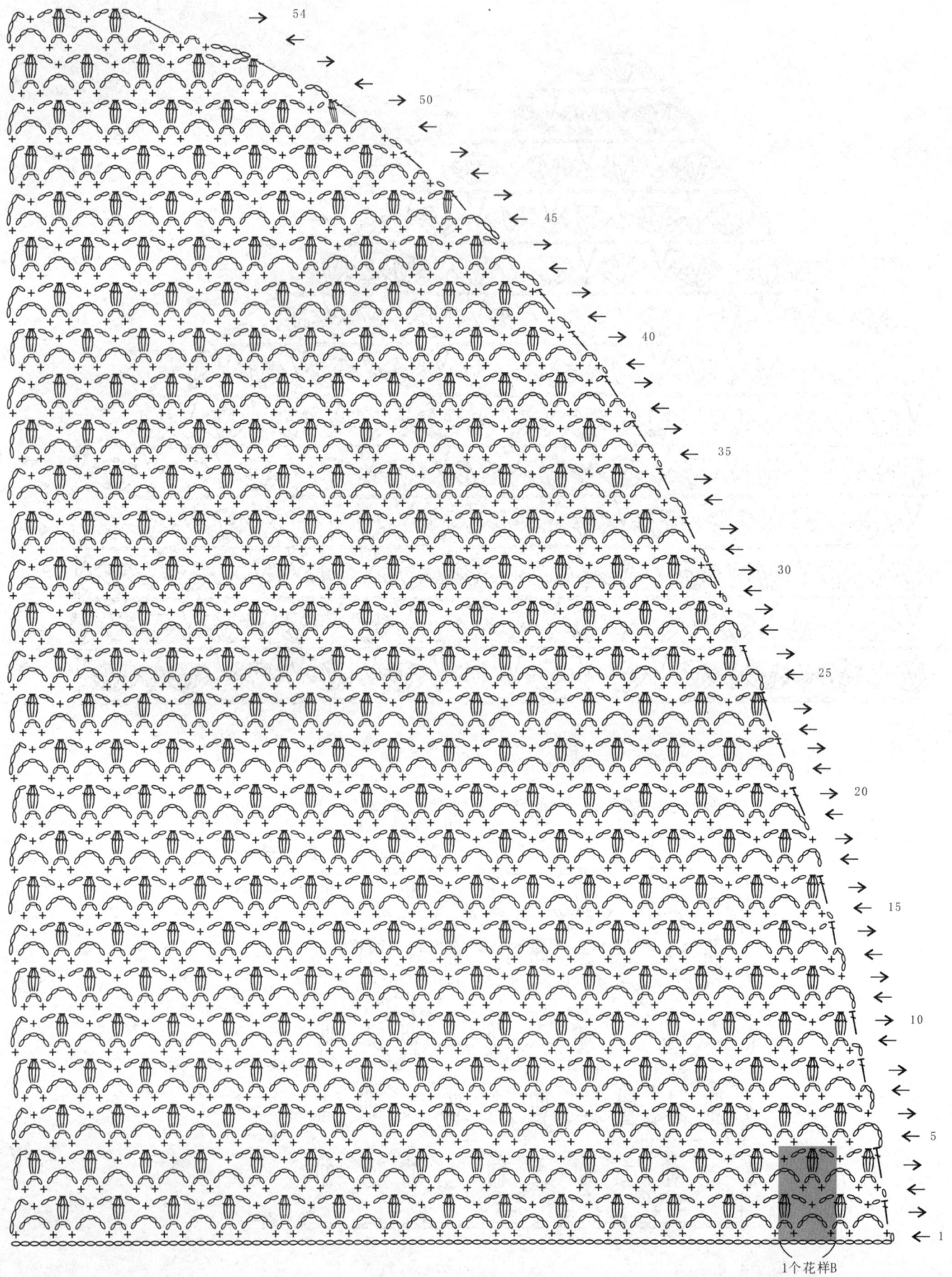

54

50

45

40

35

30

25

20

15

10

5

1

1个花样B

中袖外套

【编织材料】白色蕾丝线150g
【编织工具】1.0mm钩针
【成品规格】衣长：25cm　胸围：68cm　袖长：20cm
【编织方法】

1. 编织衣身片，衣身片由上下两部分组成，先编织上身片，上身片前后身片均是从下摆起相应针数，分别依照前后上衣身片编织所示进行编织，编织完整后缝合前后侧缝及肩斜；编织下衣身片，下衣身片是从上衣身片底摆处挑275针，依照花样编织B所示进行编织。
2. 编织袖片，袖片是从袖口起73针，依照袖片编织示意图进行编织，编织完整后，在袖片上挑针钩织3圈袖边花样。
3. 在领口、门襟、下摆处分别挑针钩织缘编织。

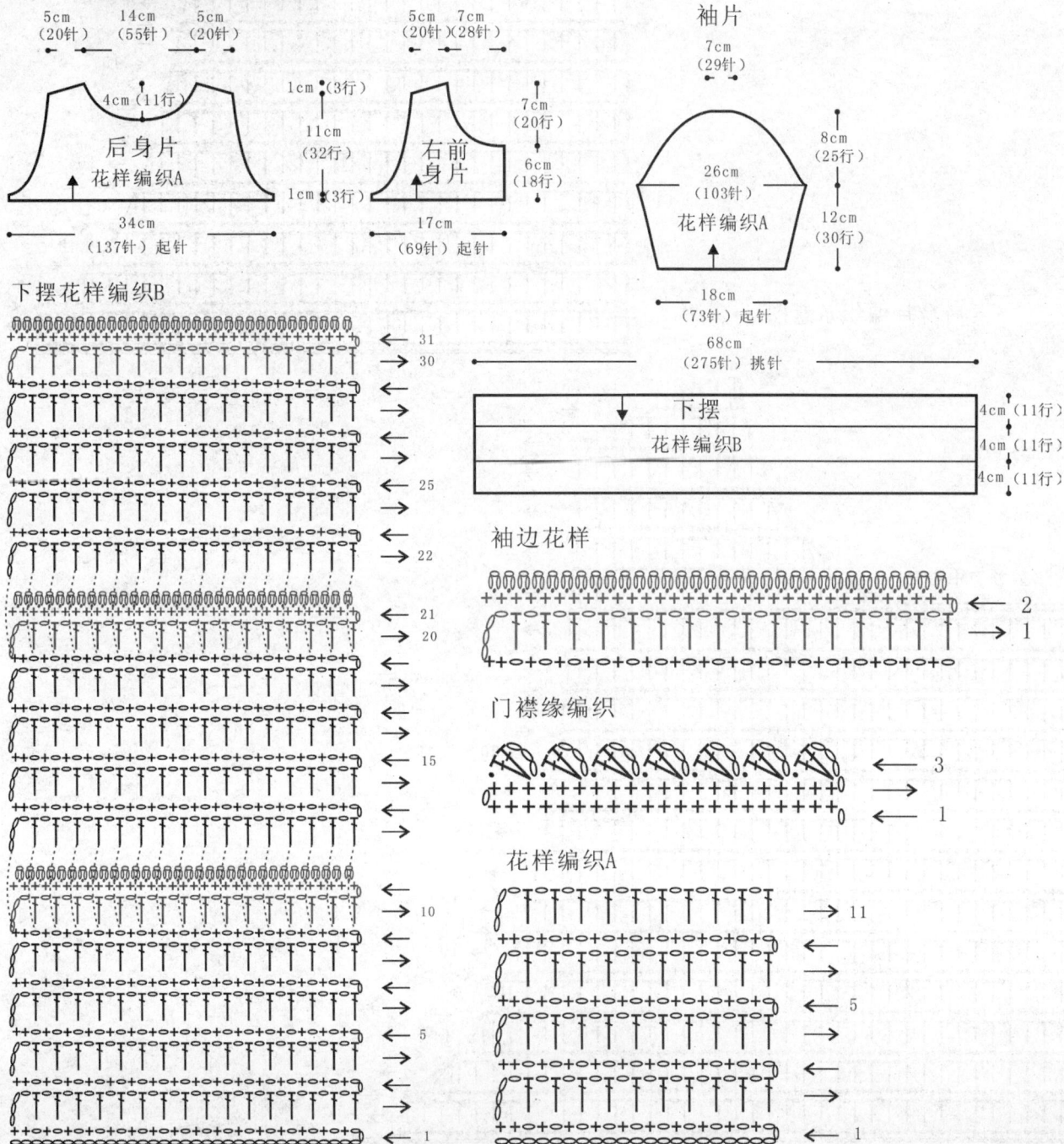

5cm 14cm 5cm
(20针) (55针) (20针)

5cm 7cm
(20针)(28针)

袖片
7cm
(29针)

4cm（11行）

1cm（3行）

后身片
花样编织A

11cm
(32行)

右前
身片

7cm
(20行)

8cm
(25行)

1cm（3行）

6cm
(18行)

26cm
(103针)
花样编织A

12cm
(30行)

34cm
(137针) 起针

17cm
(69针) 起针

18cm
(73针) 起针

68cm
(275针) 挑针

下摆花样编织B

31
30

下摆
花样编织B

4cm（11行）
4cm（11行）
4cm（11行）

25

22

袖边花样

21
20

2
1

15

门襟缘编织

3
1

10

花样编织A

11

5

5

1

1

前身片编织示意图

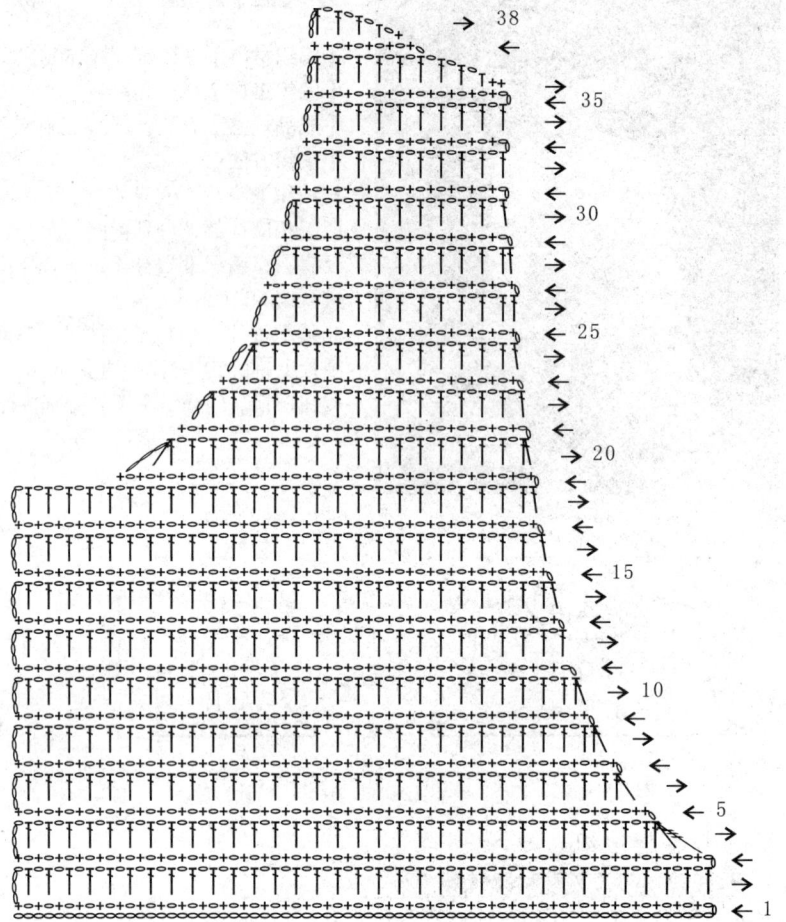

后身片编织示意图

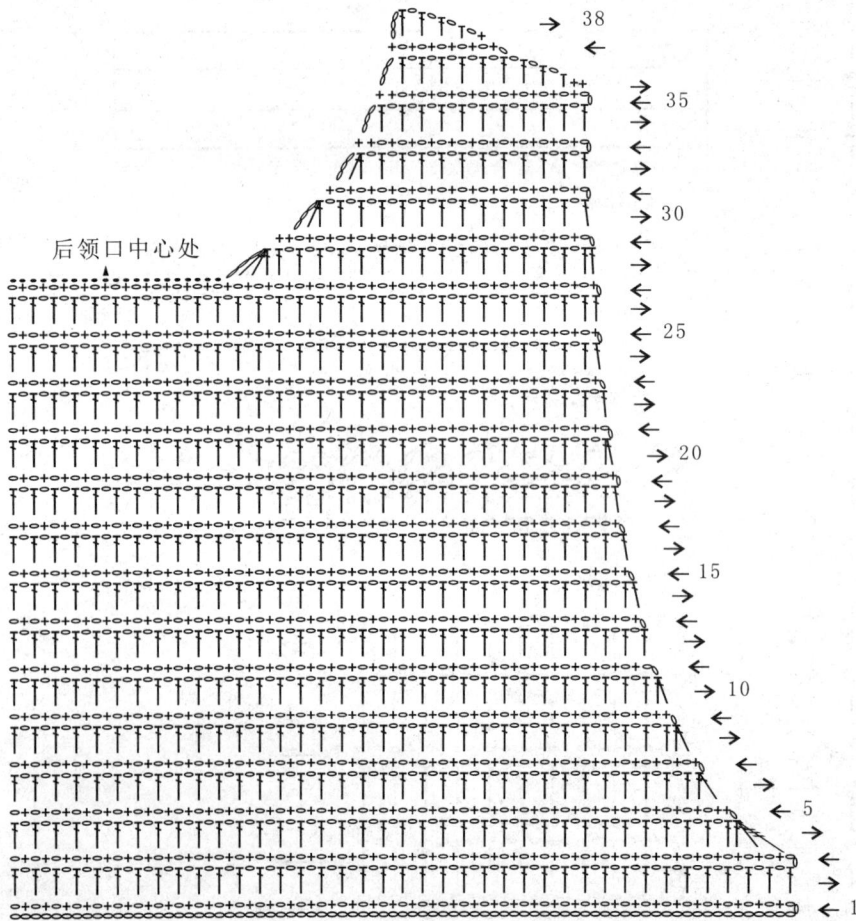

后领口中心处

袖片编织示意图

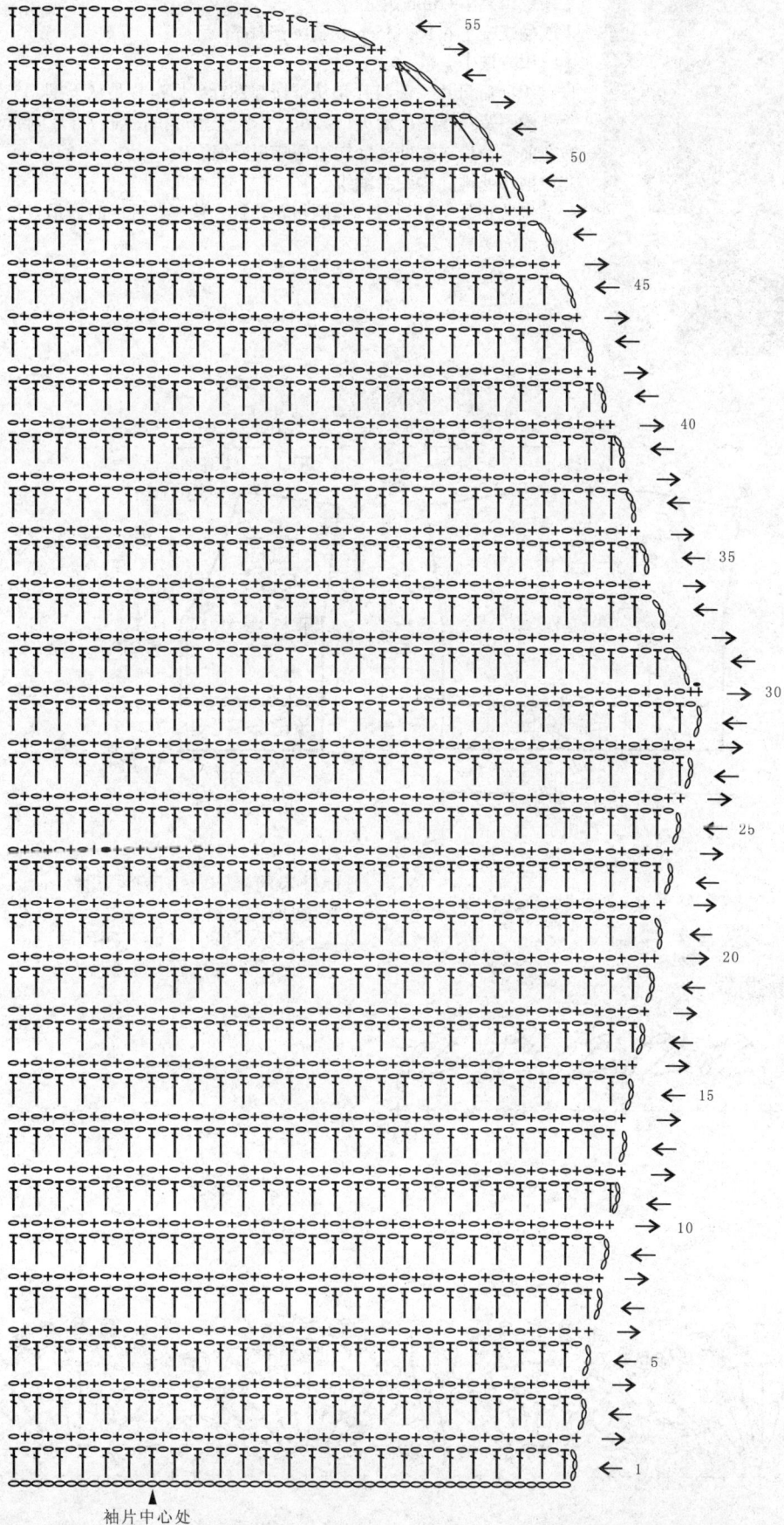

袖片中心处

紫晶

【编织材料】带银丝的马海毛线160g
【编织工具】4.5mm钩针
【成品规格】衣长：35cm　胸围：71cm
【编织方法】
1. 钩织前后身片，前身片是从下摆起28针，后身片是从下摆起55针，依次依照前后身片结构图及花样图所示进行编织，编织完整后拼接前后身片侧缝及前后肩斜。
2. 在前后身片下摆处挑针钩织相应花样编织B。
3. 在袖口处挑针钩织缘编织。
4. 前襟收边处钩3行短针和1圈扭花短针，钩扭花针的时候最好反面钩，钩出来的效果比在前面漂亮。

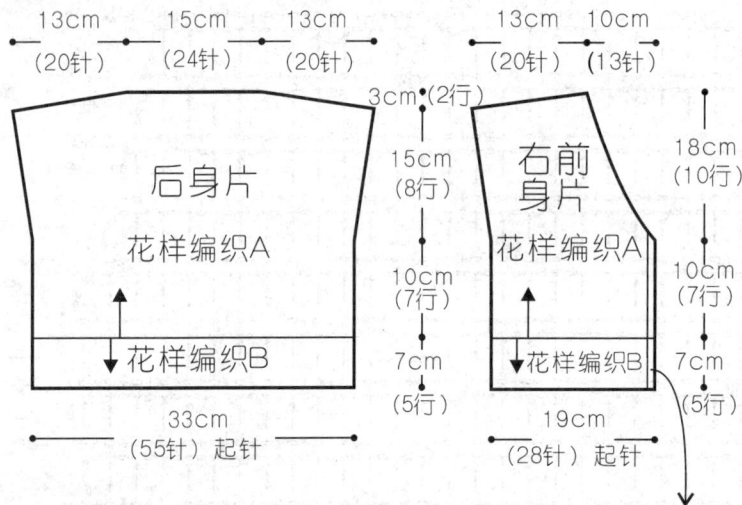

此处为前襟的收边,钩3行短针
和1圈扭花短针,
钩扭花这行的时候最好在反面钩,
钩出来的效果比在正面漂亮。

袖口缘编织

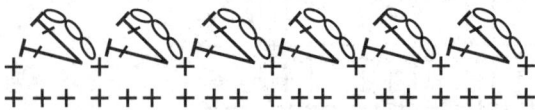

花样编织B

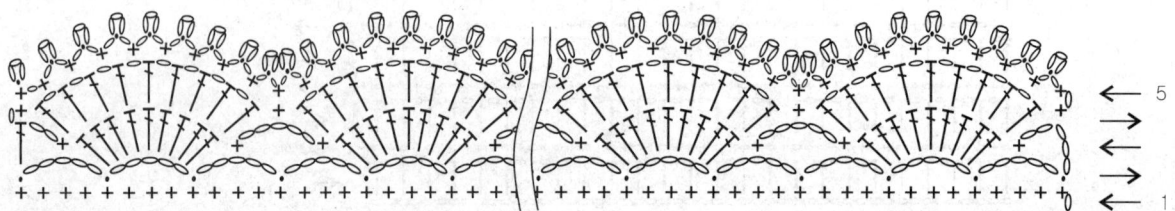

前身片编织示意图

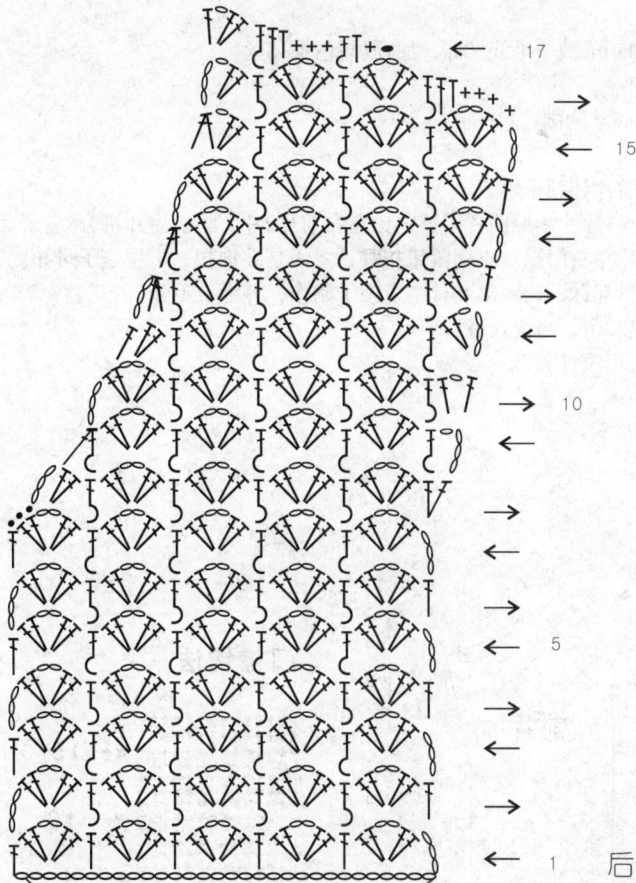

← 17

← 15

→ 10

← 5

← 1

6针1个花样，前片起28针

断线

后身片编织示意图

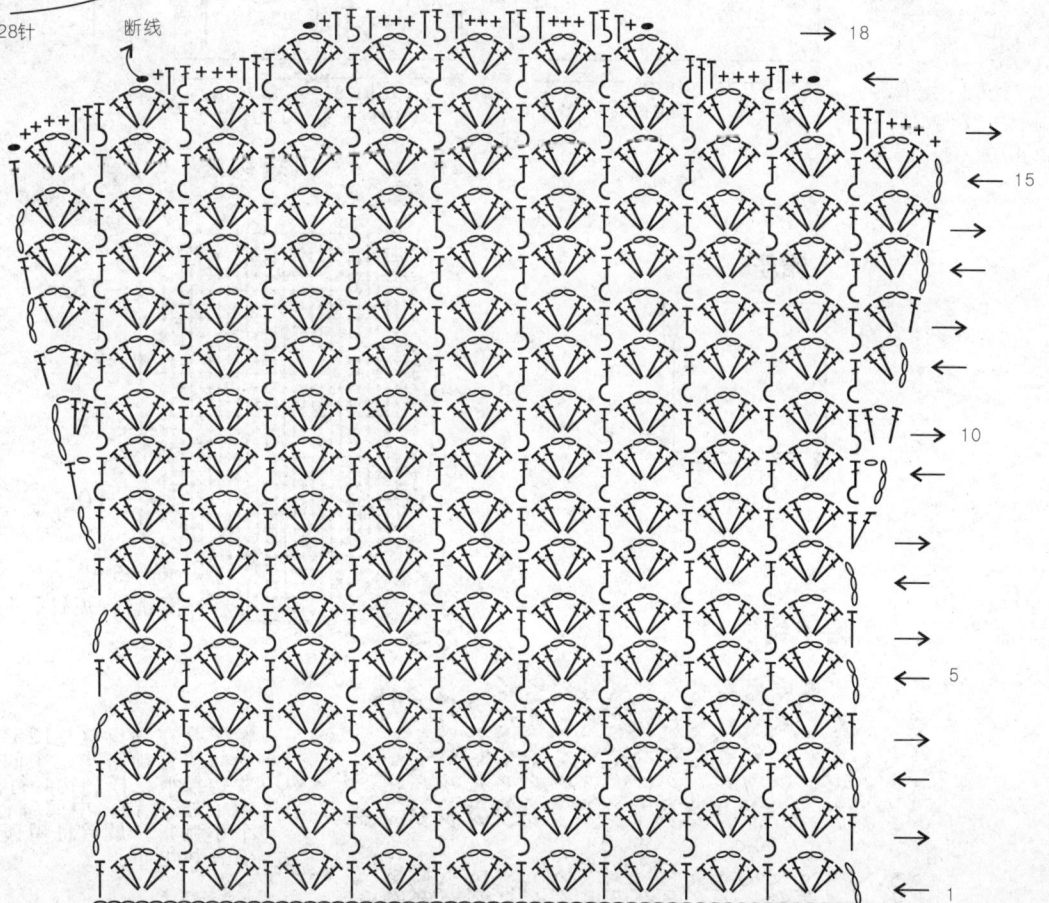

→ 18

← 15

→ 10

← 5

← 1

6针1个花样，后片起55针

毛领斗篷

【编织材料】4股30支5050羊绒羊毛线500g，加1股同色系亮丝
【编织工具】3.0mm钩针
【成品规格】衣长：53cm　胸围：116cm
【编织方法】
1. 衣服由2片前片、1片后片和领子组成。
2. 参照后片图解，钩后片1片。参照前片图解，钩左右前片2片。将前后片拼合。
3. 参照门襟图解，钩前片左右门襟。不用留纽扣眼，上面是装饰扣，下层是子母扣。
4. 参照帽子图解，从领口起针，钩到第46行结束帽子制作，并缝合毛领。
5. 参照口袋图解，钩口袋2个，与前片缝合。
6. 在下摆和袖口钩1行扭花短针。

结构图

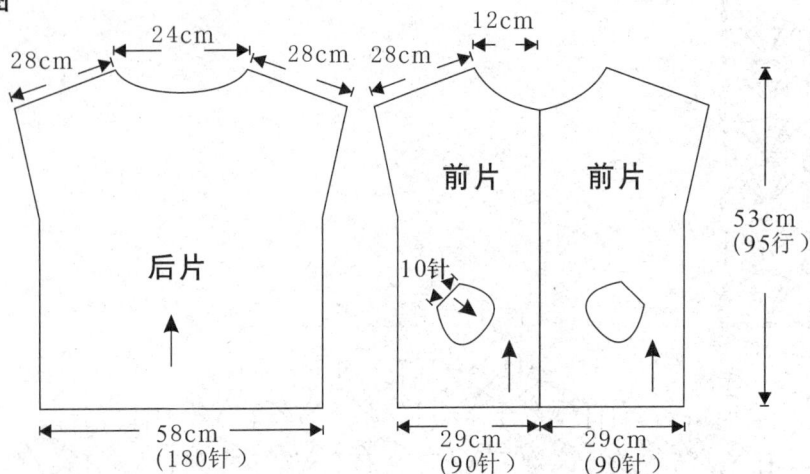

门襟钩法

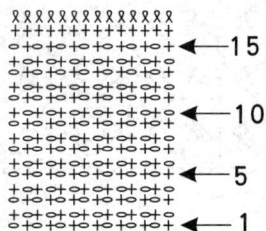

帽子

口袋钩法

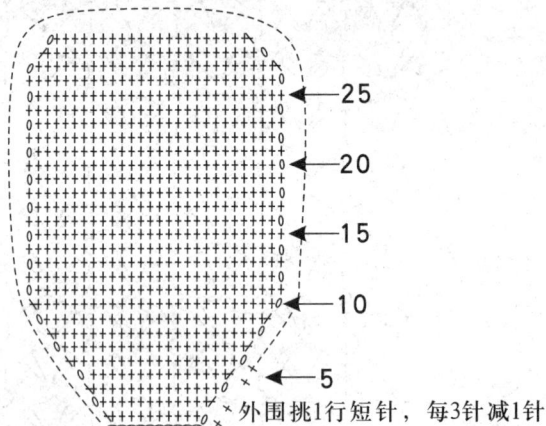

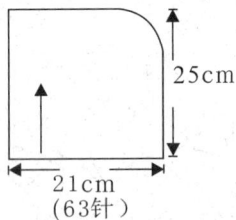

外围挑1行短针，每3针减1针

帽子钩法

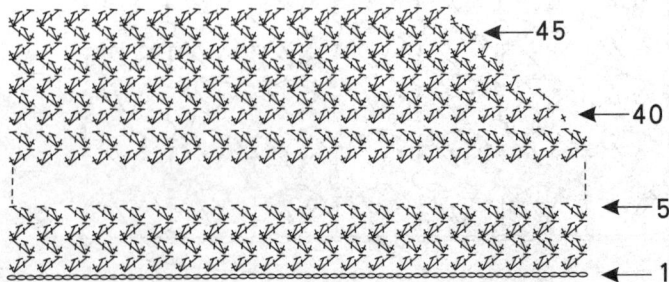

帽子是在领口位挑126针左右，3针1组花样，中间位置挑密些。中间3针每针钩一个花样，共钩42组花样。钩46行。从第39行开始，帽子分2片钩，中间每行每边减2针，形成个小弧角，最后将帽顶和弧角位缝合，加上毛领和里布。

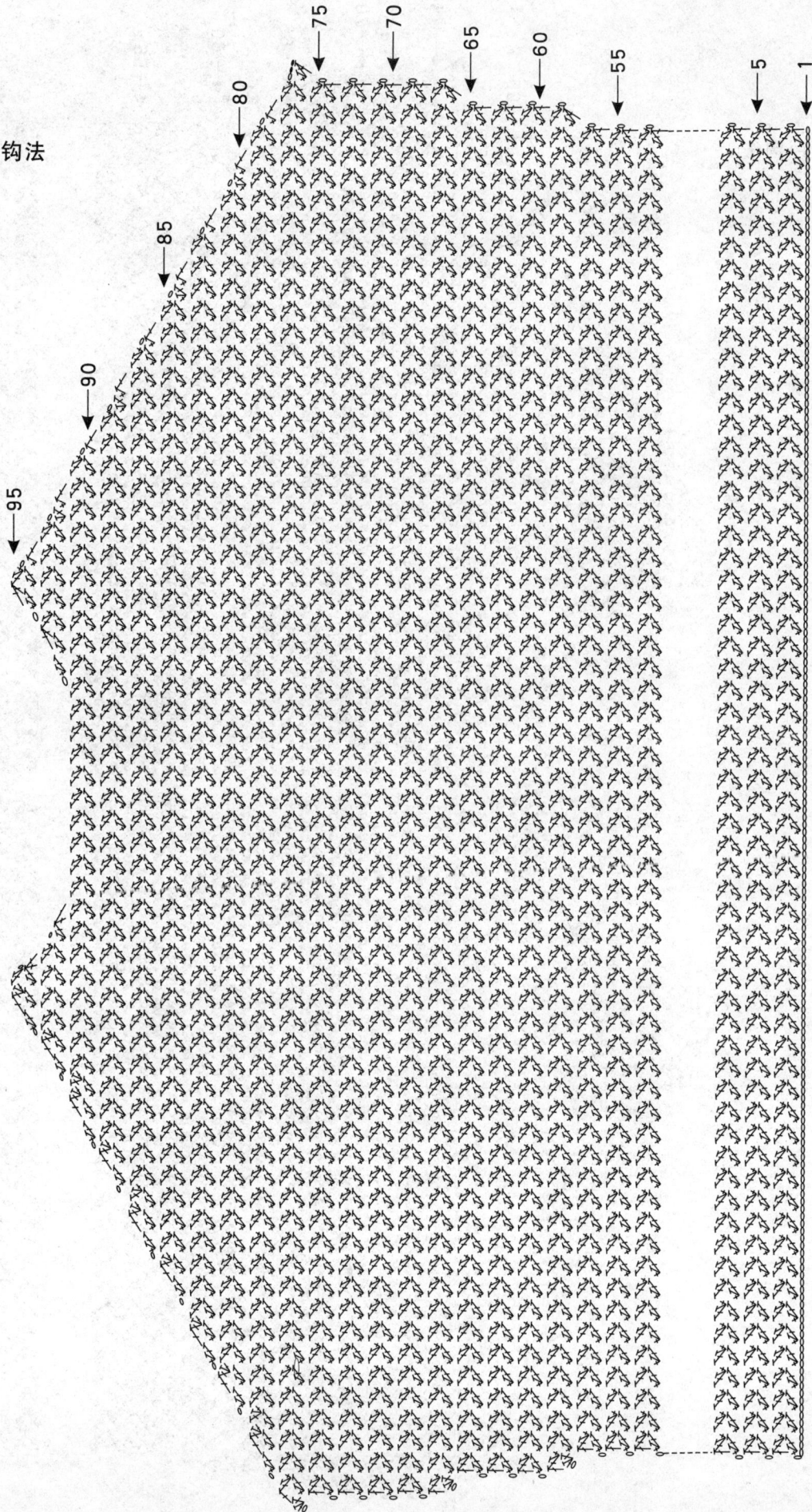

后片钩法

前片钩法

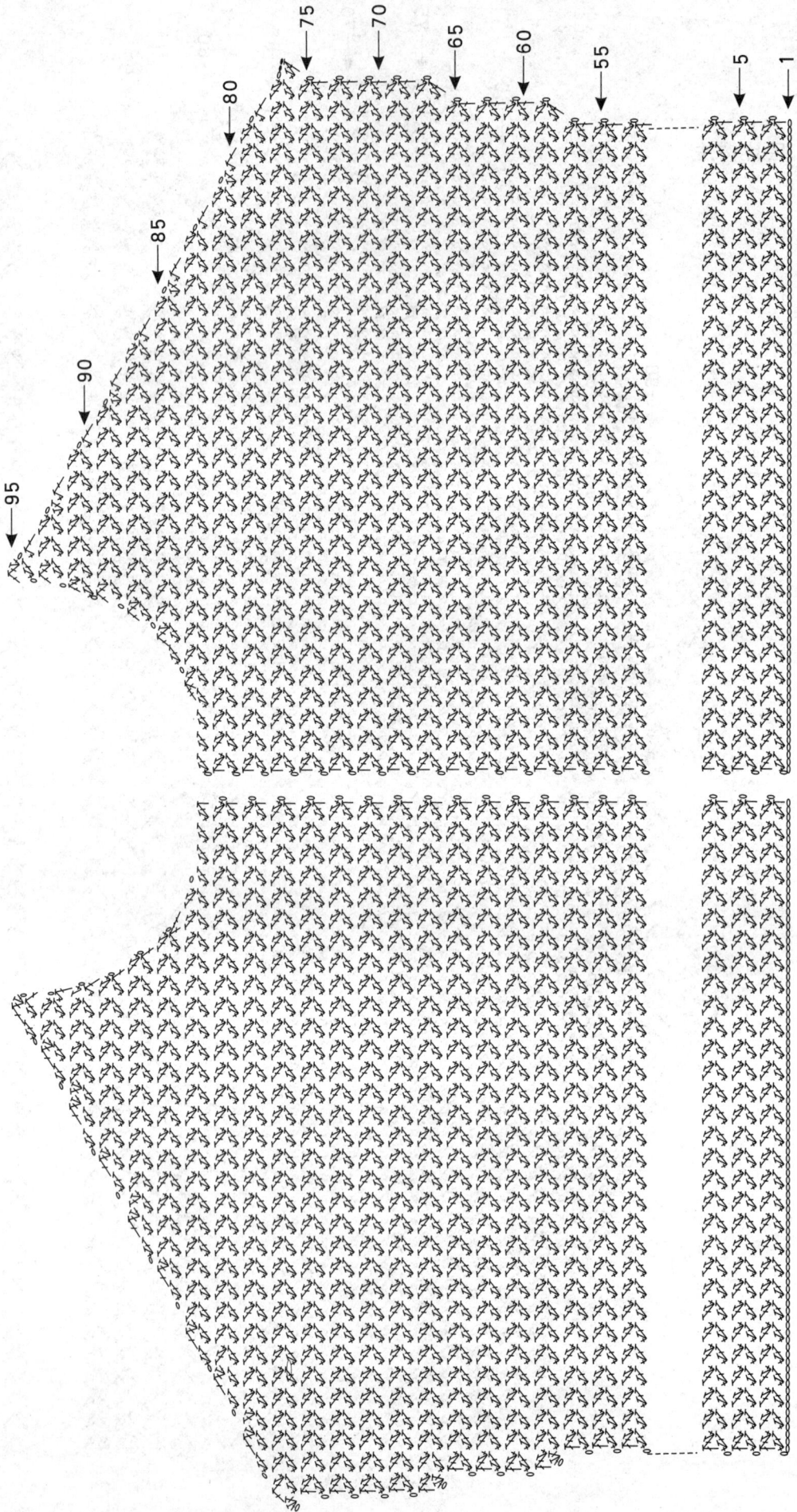

童真

【编织材料】藏蓝色毛线400g

【编织工具】3.0mm钩针，另备小一号钩针

【成品规格】长：53cm　胸围：84cm

【编织方法】

1. 参照结构图，衣服由前片1片、后片1片和袖子2片组成。

2. 参照后片图解，从下摆起77针锁针，钩19组花样，左右加针到第53行分袖，第77行钩后领窝。直到第80行结束后片。

3. 参照前片图解，从下摆起77针锁针，钩19组花样，左右加针到第53行分袖，第68行钩前领窝。肩线在第80行与后片钩合。拼合侧缝。

4. 参照袖子图解，从下摆起45针锁针，钩11组花样，加减针参照图解，直到第54行结束袖片。将袖片与衣身拼合。

5. 口袋起针时要用小一号的针。起32针锁针，钩6组花样，前5行头尾各加1针，钩到第20行结束。将2片口袋与前片缝合。

结构图

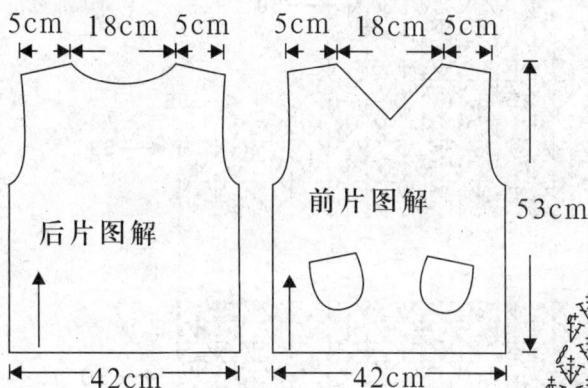

5cm　18cm　5cm　　5cm　18cm　5cm

后片图解　　　前片图解

53cm

42cm　　　42cm

袖子

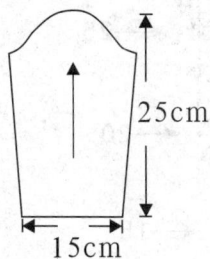

25cm

15cm

口袋图解

2片

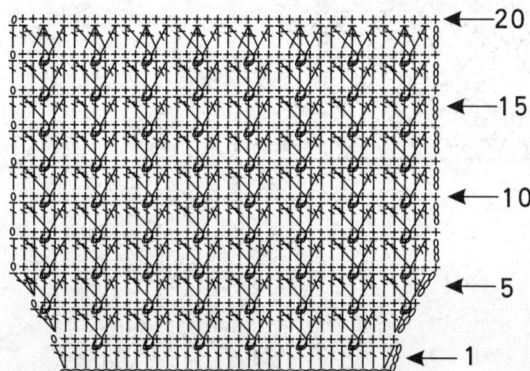

袖子图解

2片

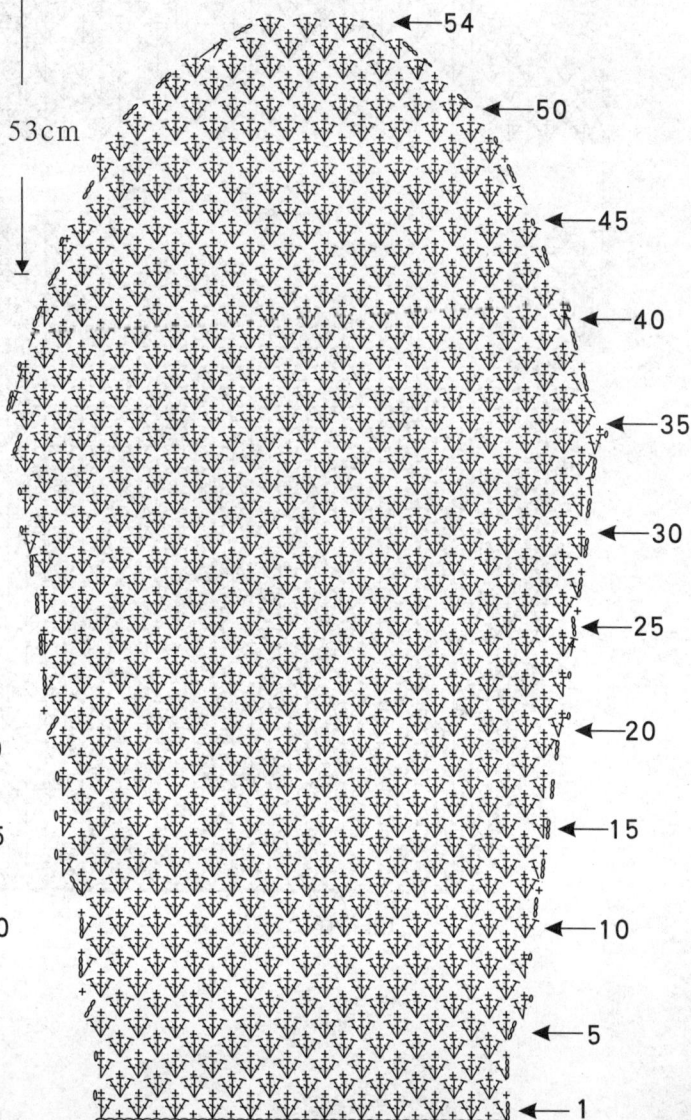

后片图解

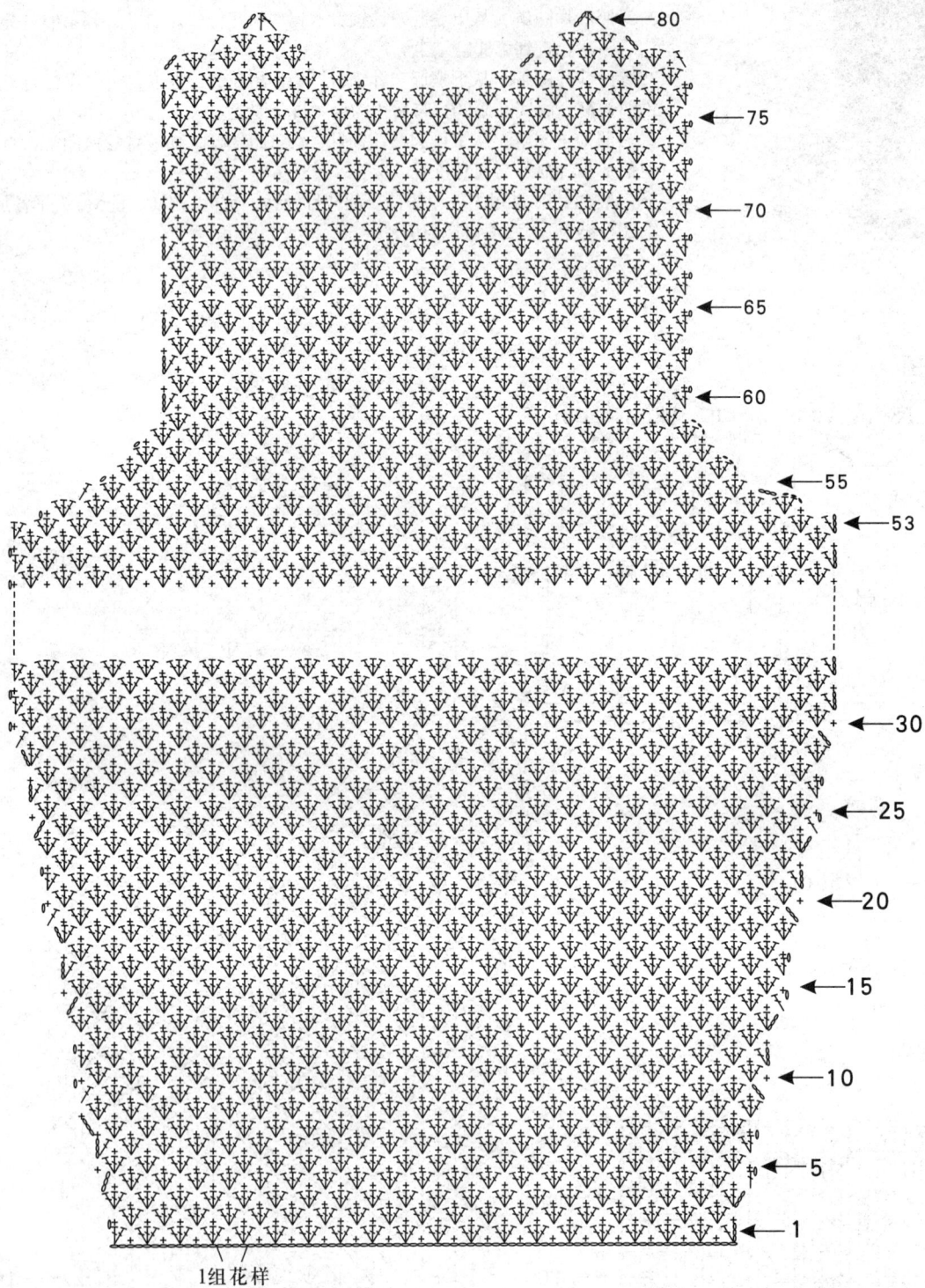

← 80

← 75

← 70

← 65

← 60

← 55

← 53

← 30

← 25

← 20

← 15

← 10

← 5

← 1

1组花样

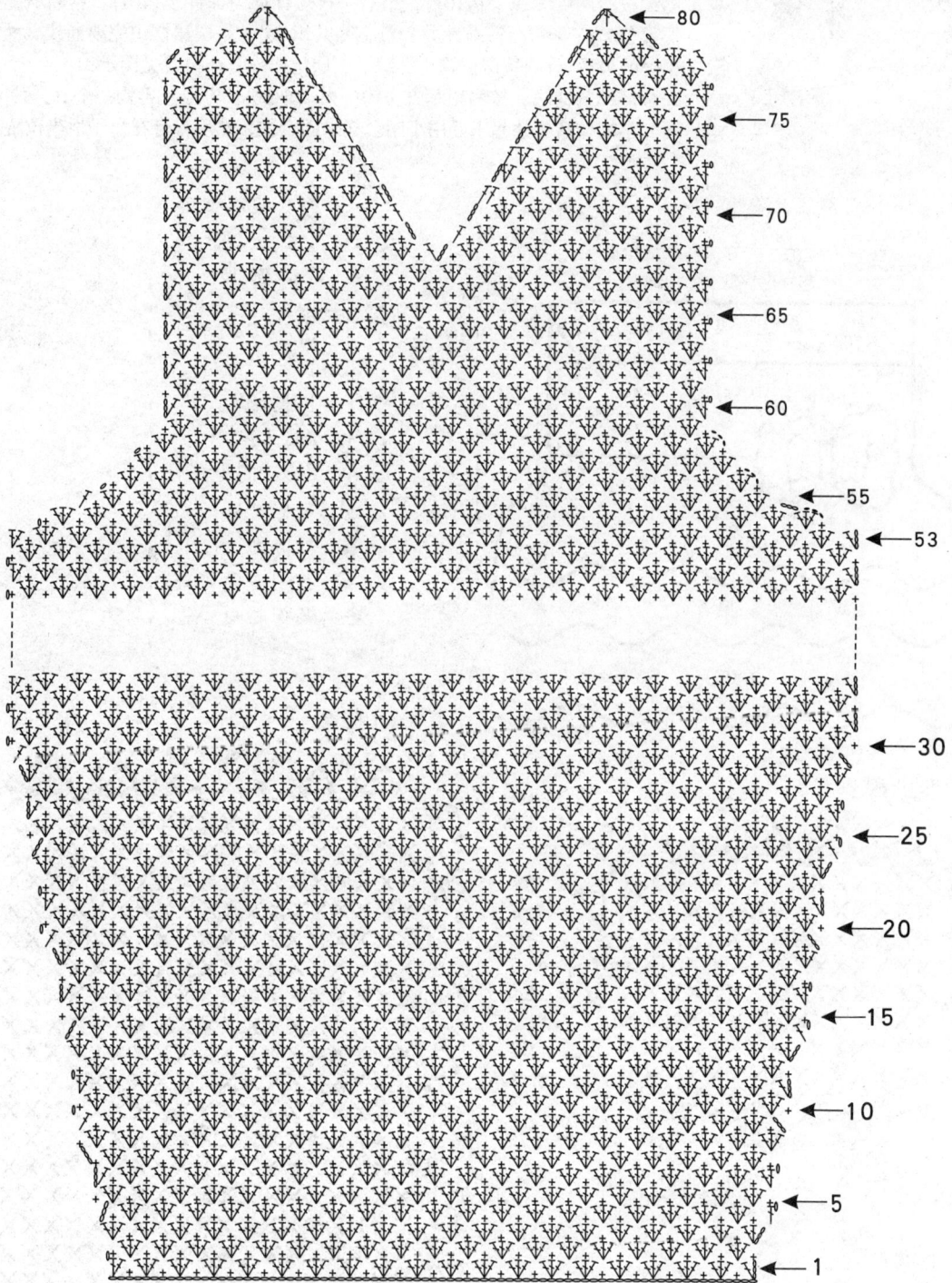

前片图解

童趣

【编织材料】粉色银丝棉线140g，松紧带1条
【编织工具】2.5mm、3.0mm钩针，缝衣针
【成品规格】裙长22cm，腰围起60cm（未加松紧带之前）
【编织方法】
1. 用2.5mm钩针起156针（必须是3的倍数），按照图解往返圈钩，钩到第7行时，将第6行的短针和起始的辫子针每针对应，两行合并在一起，形成装松紧带的腰部，之后继续按照图解编织，钩10行，最后一行短针均匀加针至170针，接着钩裙摆部分，裙摆部分6行V花+7行菠萝花共13行，一共织3层，每层裙摆织完要断线，然后在上一层裙摆的最后1行的特殊位置挑针钩下一层裙摆，具体位置见图示；
2. 蝴蝶结的钩法：按照图示方法钩一大一小2块长方形，再钩一个2行短针的小圈把两层大小蝴蝶结折叠起来后用小圈套起来固定住，然后缝合在裙子适当位置作为装饰。

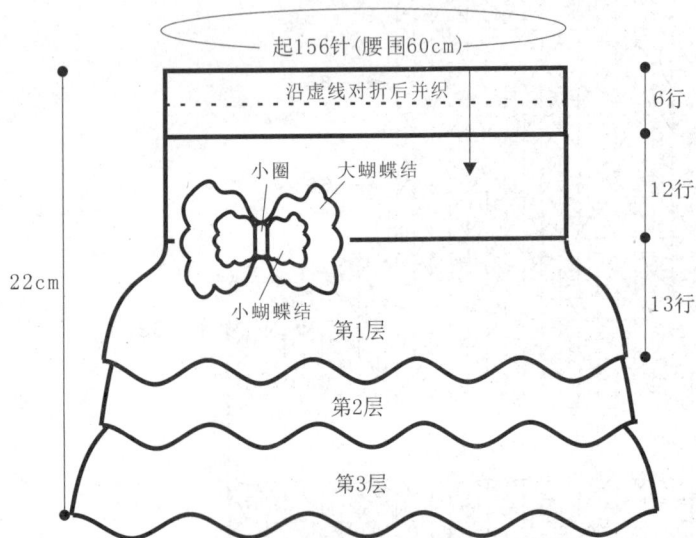

针法说明

○ = 锁针
× = 短针
下 = 长针
下 = 长长针
人 = 2长针并1针
人 = 2长针的枣形针
⊙ = 狗牙拉针
• = 引拔针
→ = 编织方向
▶ = 编织起点
▶ = 断线

小蝴蝶结

小圈

大蝴蝶结

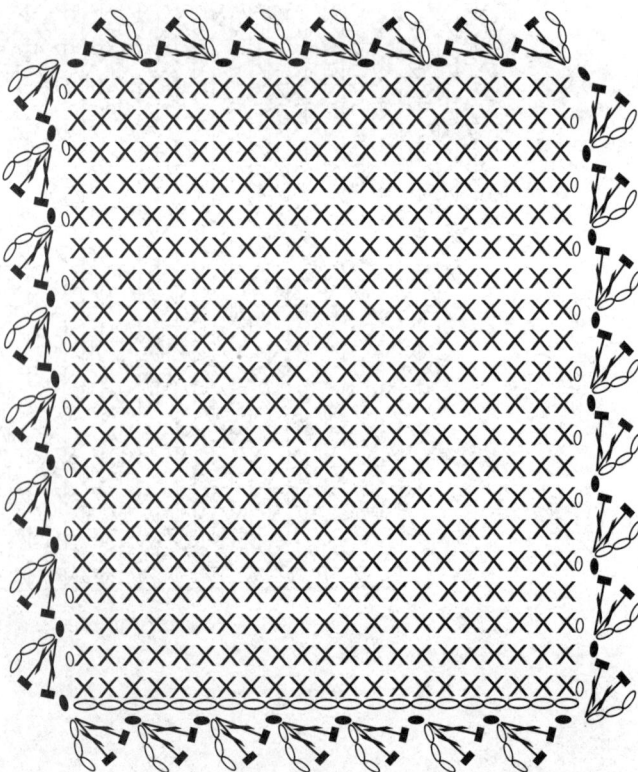

蛋糕裙图解（圆点是每层裙摆第1层和上一层连接的特殊位置）

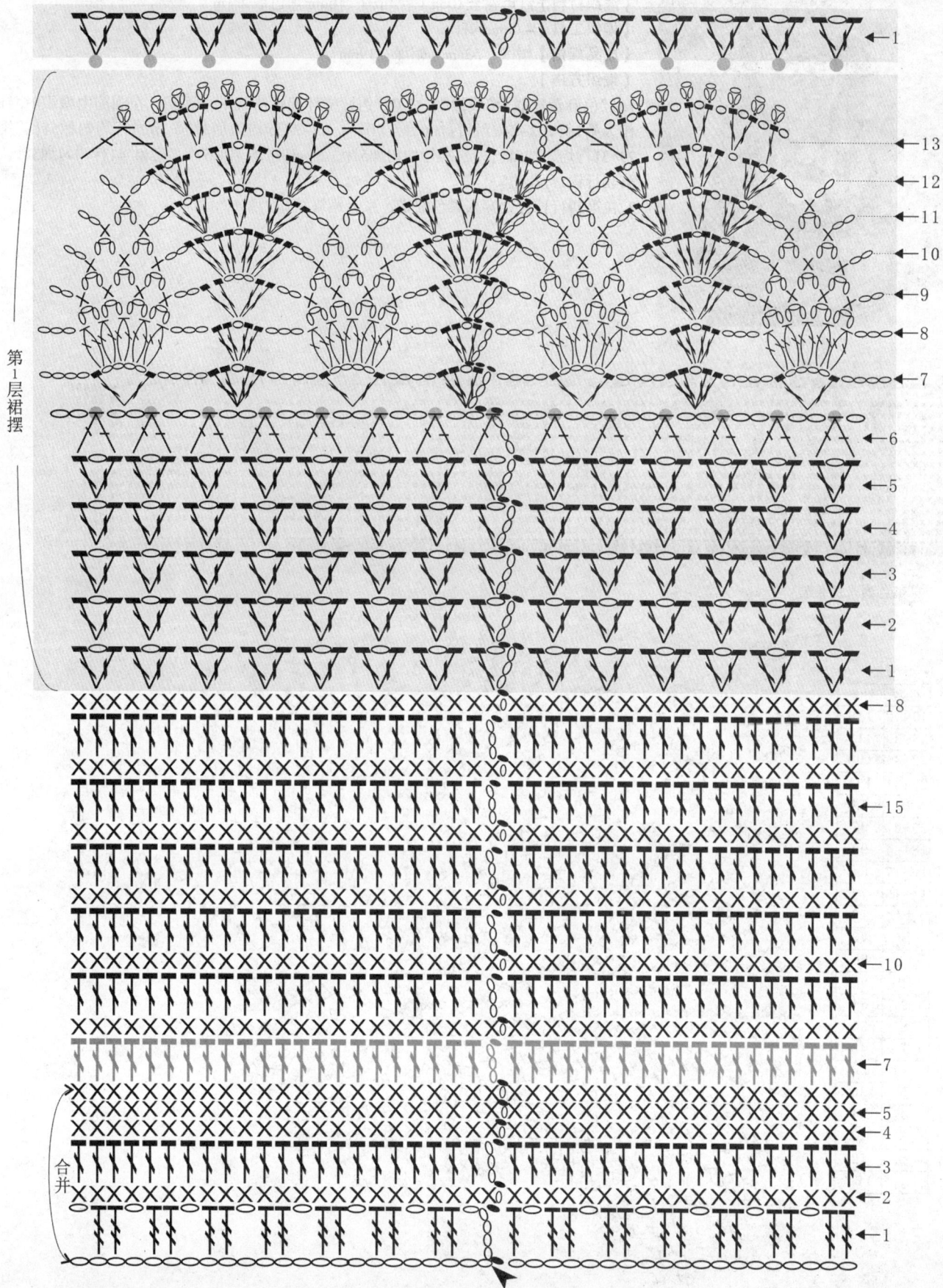

红豆缘——帽子

【编织材料】红麻蕾丝103g（合3股），6mm黑色缎带1m
【编织工具】4.0mm钩针
【成品规格】帽围：52cm　帽深：19cm
【编织方法】

1. 红色麻蕾丝线合3股编织，7/0号钩针绕环起针法绕一个圆圈，在圆圈内编织6短针作为第1行，2~24行每行加6针至90针，25~27行均匀加3针，第28行均匀加5针，第29~31行均匀加5针，32~34行均匀加5针，35~39行均匀加5针，第40~41行均匀加5针，第42行钩1行花边。
2. 在第29行长针处穿入黑色缎带，系上蝴蝶结作为装饰。

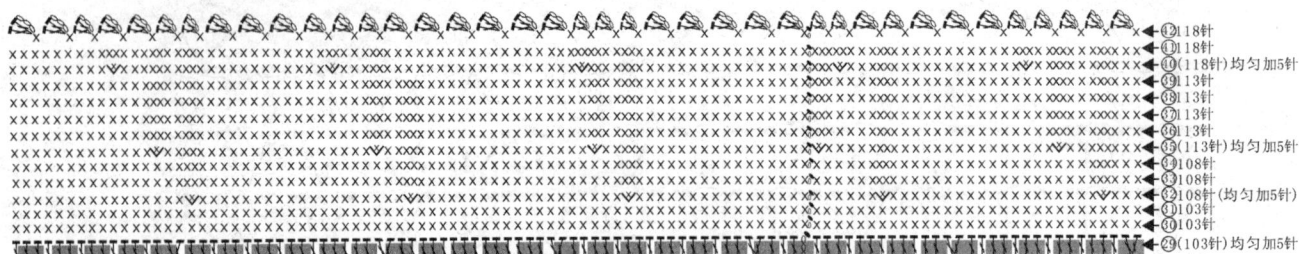

穿黑色缎带的位置

行数	针数
40~42	118
35~39	113
32~34	108
29~31	103
28	98
25~27	93
18~24	90
16~17	84
14~15	78
13	72
12	72
11	66
10	60
9	54
8	50
7	42
6	36
5	30
4	24
3	18
2	12
1	6

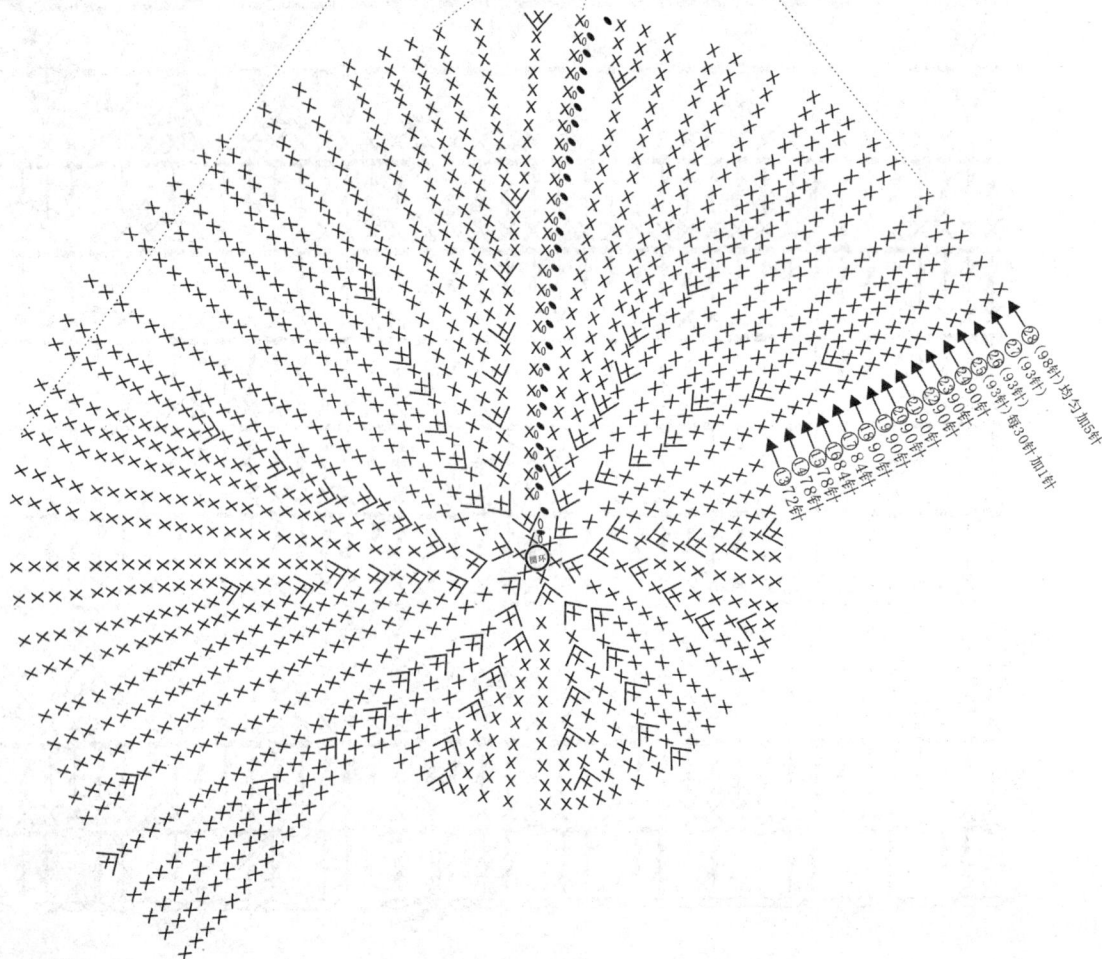

红豆缘——外套

【编织材料】红色三七线154g，苹果形状木质纽扣1枚
【编织工具】2.2mm钩针
【成品规格】衣长：36.5cm　胸围：64cm　肩宽：27cm　袖长：34cm
【编织方法】
1. 左右前片、后片，以及袖片按照图示针数锁针起针，编织花样，参照图示加减针。
2. 肩部、袖下做引拔锁针拼接，袖窿以下两侧边做短针的锁针接缝，下摆、前襟、衣领、袖口钩织2行花边。

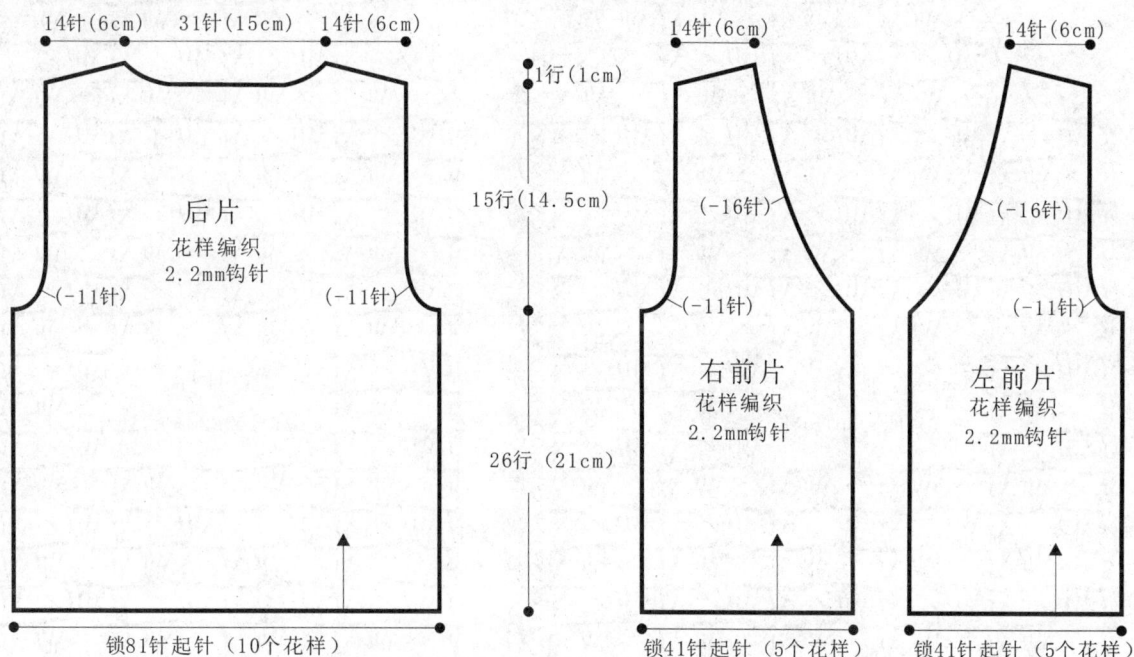

14针(6cm)　31针(15cm)　14针(6cm)

14针(6cm)　　　　　14针(6cm)

1行(1cm)

15行(14.5cm)

后片
花样编织
2.2mm钩针

(-11针)　　　(-11针)

(-16针)　　　(-16针)

(-11针)　　　(-11针)

右前片
花样编织
2.2mm钩针

左前片
花样编织
2.2mm钩针

26行（21cm）

锁81针起针（10个花样）

锁41针起针（5个花样）　　锁41针起针（5个花样）

15针

9行(8.5cm)

袖片
花样编织
2.2mm钩针

(+13针)　　　(+13针)

27行(25.5cm)

锁44针起针（5.5个花样）

花边
2行(1cm)

花边
2行(1cm)

针法说明

- ⊖ = 锁针
- × = 短针
- ↑ = 长针
- ⊤ = 中长针
- ⋀ = 2长针并1针
- ⋀ = 2短针并1针
- ⬤ = 5长针的枣形针
- ⊕ = 引拔针
- → = 编织方向

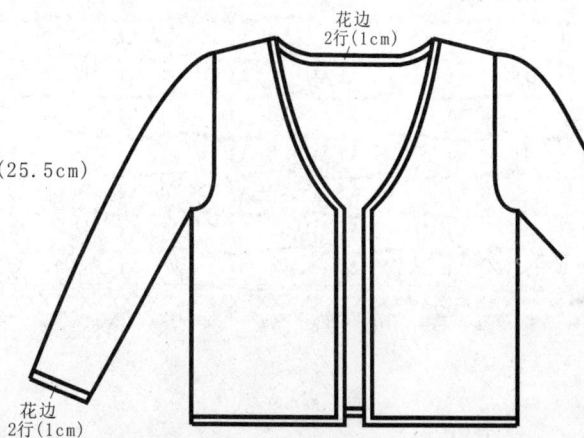

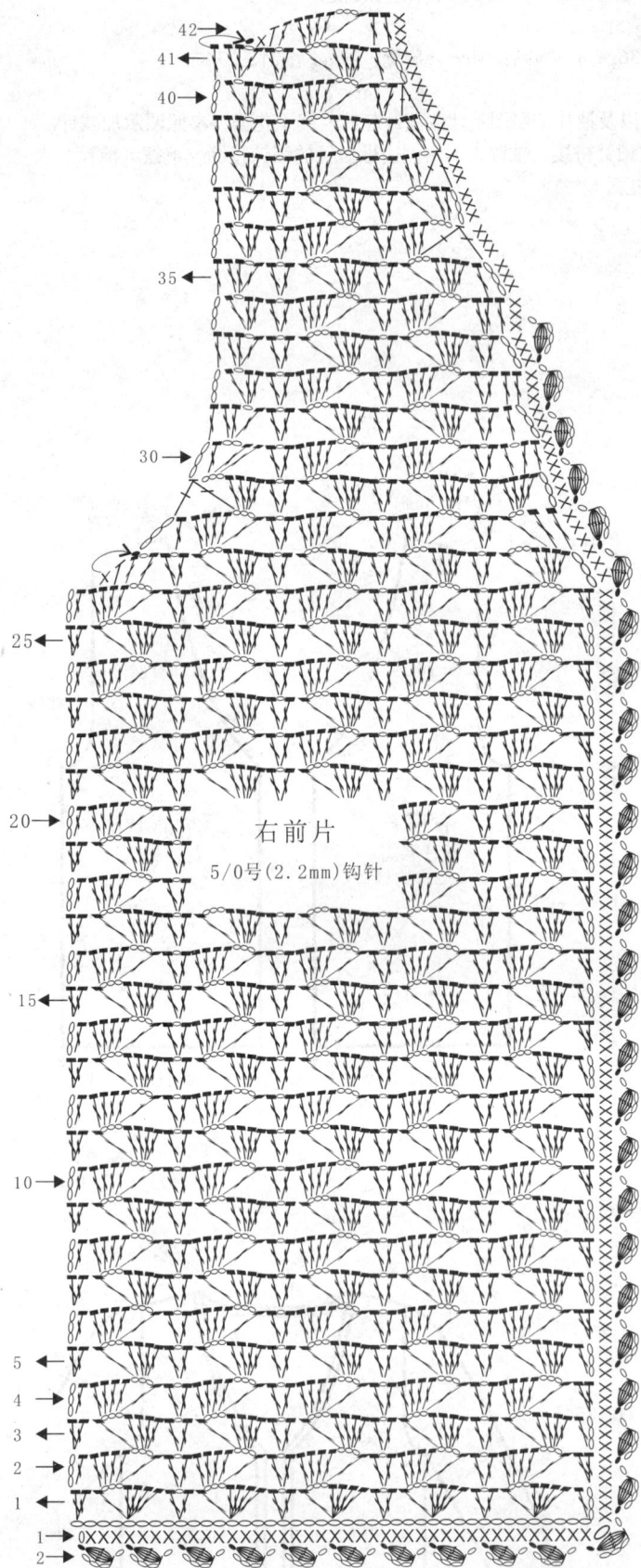

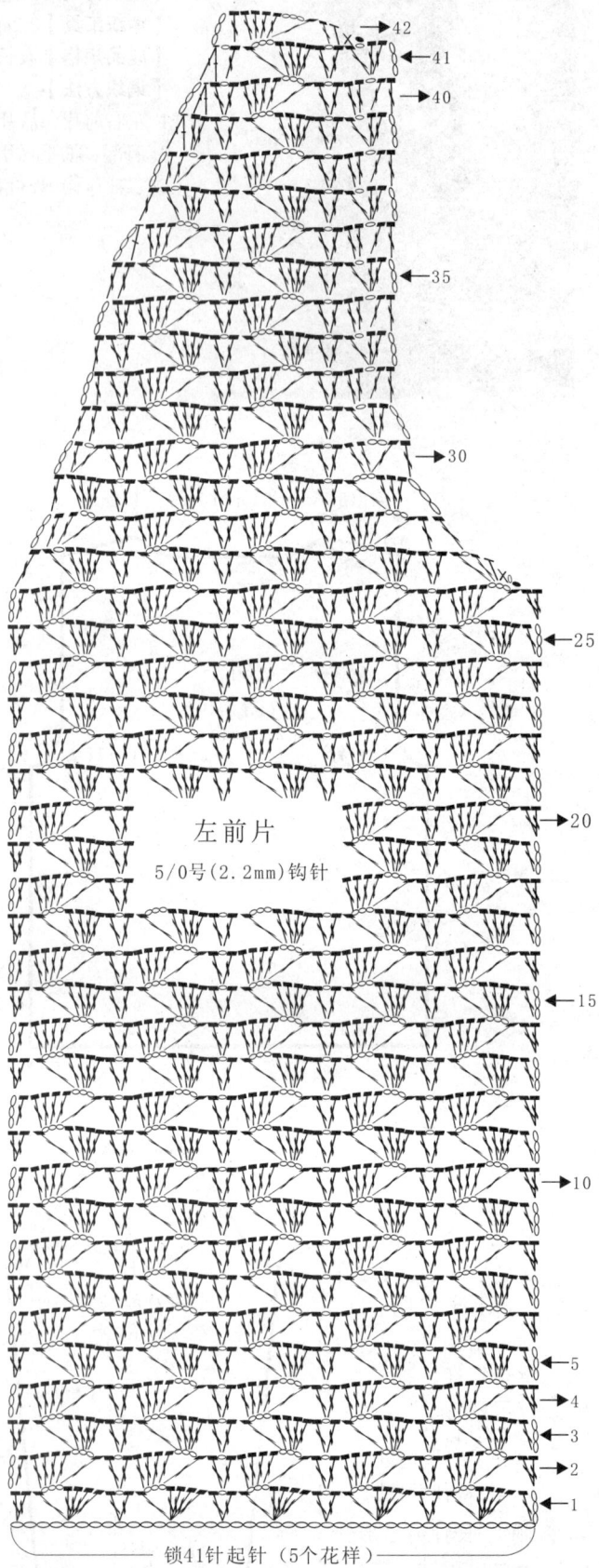

右前片
5/0号(2.2mm)钩针

左前片
5/0号(2.2mm)钩针

锁41针起针（5个花样）

→16
←15

→10

←5
→4
→3
→2
→1

→26
←25

→20

后片

2.2mm钩针

←15

→10

←5
→4
←3
→2
←1

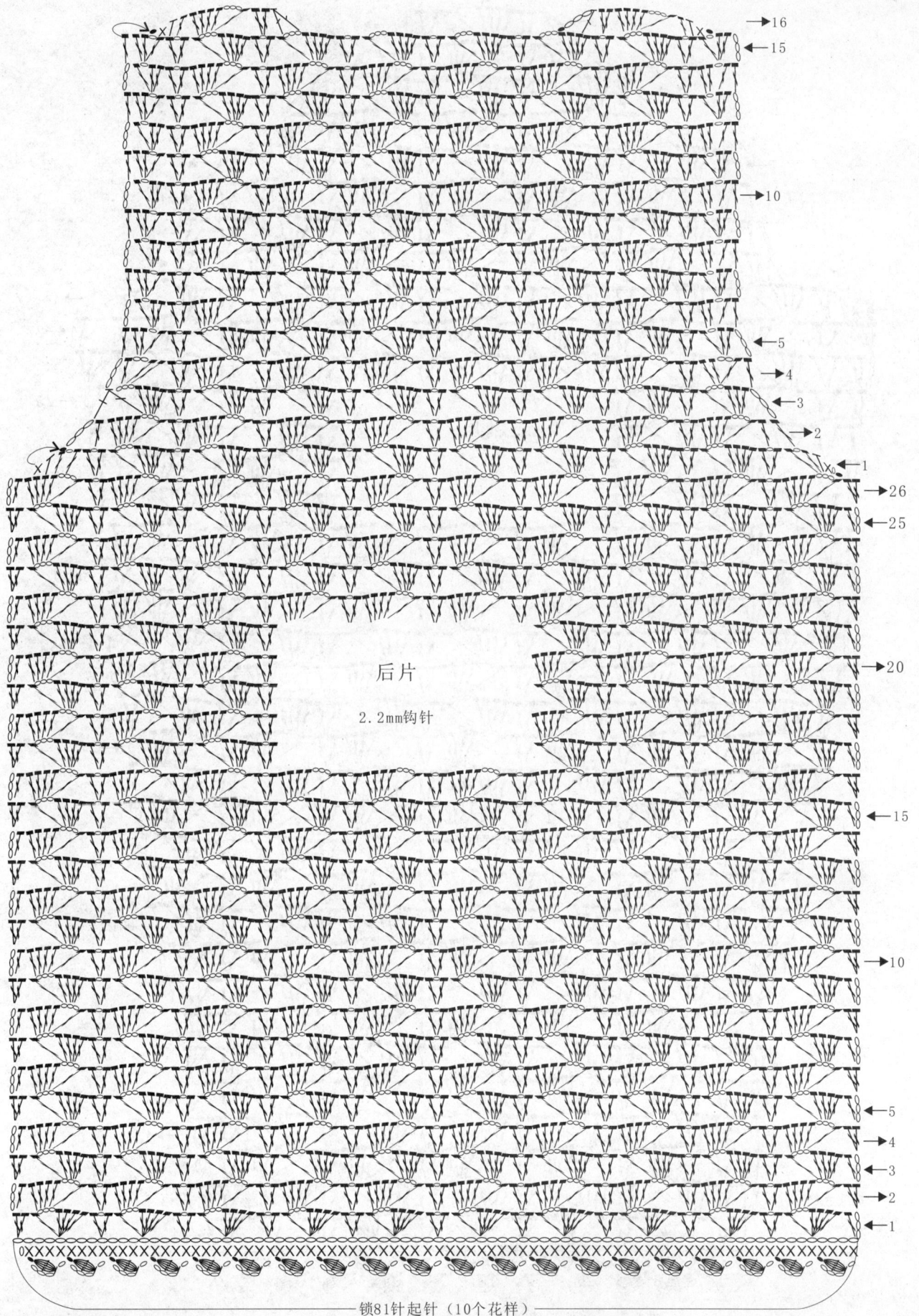

锁81针起针（10个花样）

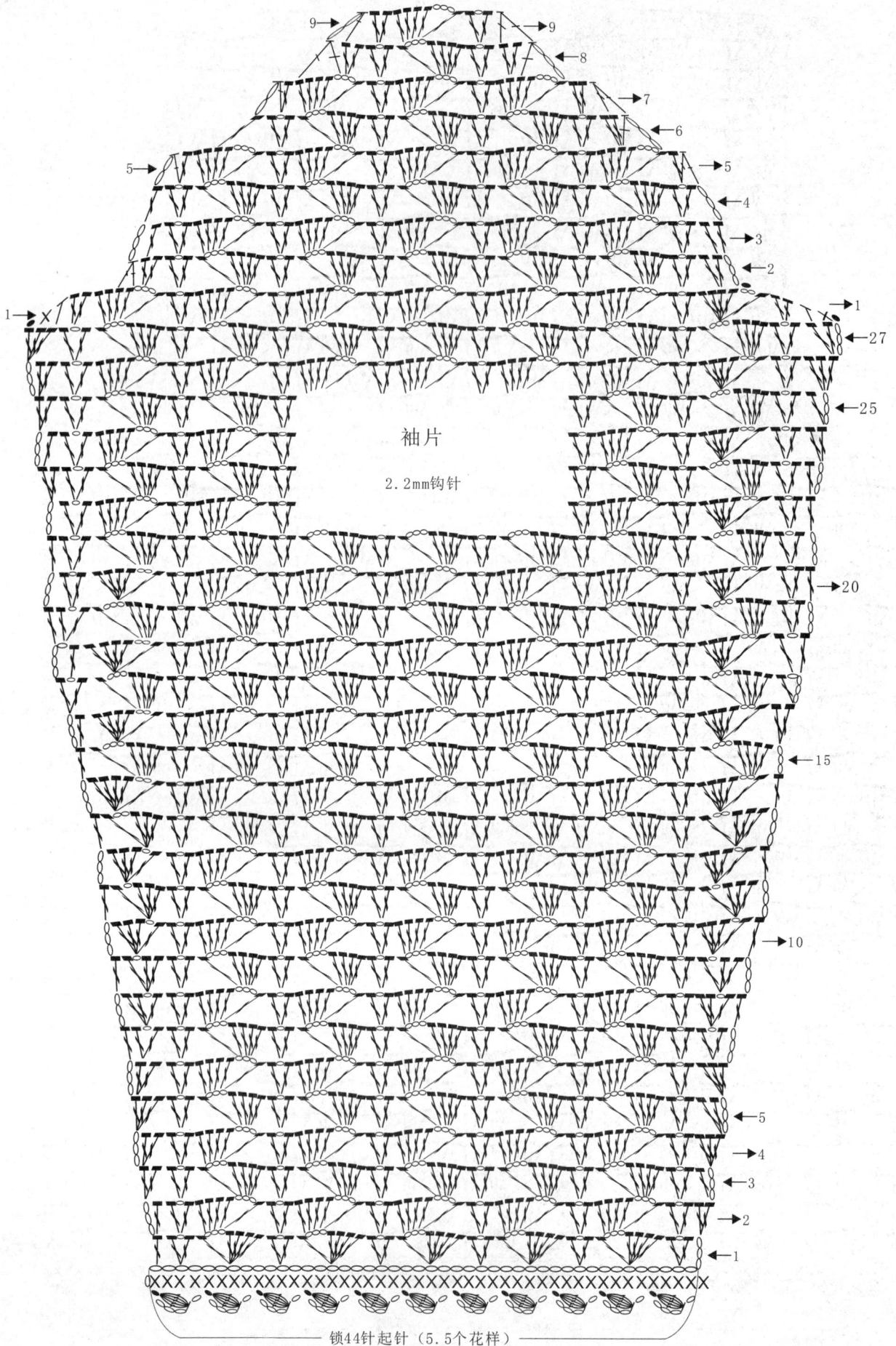

袖片

2.2mm钩针

锁44针起针（5.5个花样）

大口袋短裤

【编织材料】黑白圈圈羊毛线250g，闪光棉合股少许，白色毛线少许，松紧带1根
【编织工具】3.25mm、2.5mm钩针
【编织方法】
1. 两个裤片用2股圈圈羊毛编织花样A，后片的后腰织成1个斜角。
2. 把2个裤片沿标记缝合。
3. 按照图示方法织裤腰，最后1行长针向内折叠缝合。
4. 裤边在裤片的接缝处按照图示方法加针，织完裤边向外翻缝合在裤片上，形成卷边的效果。
5. 按照图示方法钩织2片口袋，缝合在裤子上时，下面缝紧密些，再用白色线做2个毛球和2根适当长度锁针的绳子，口袋上面宽的部分穿毛球，两边固定。
6. 裤腰处穿上松紧带。

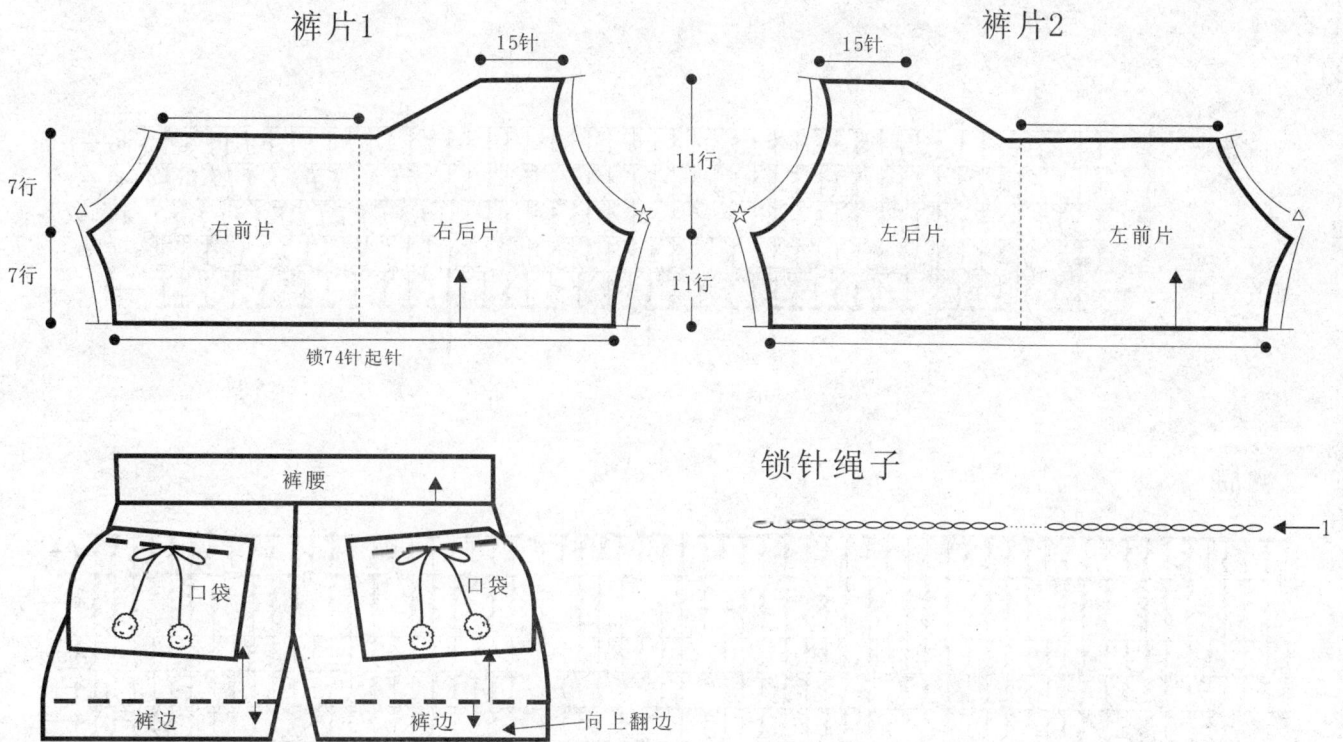

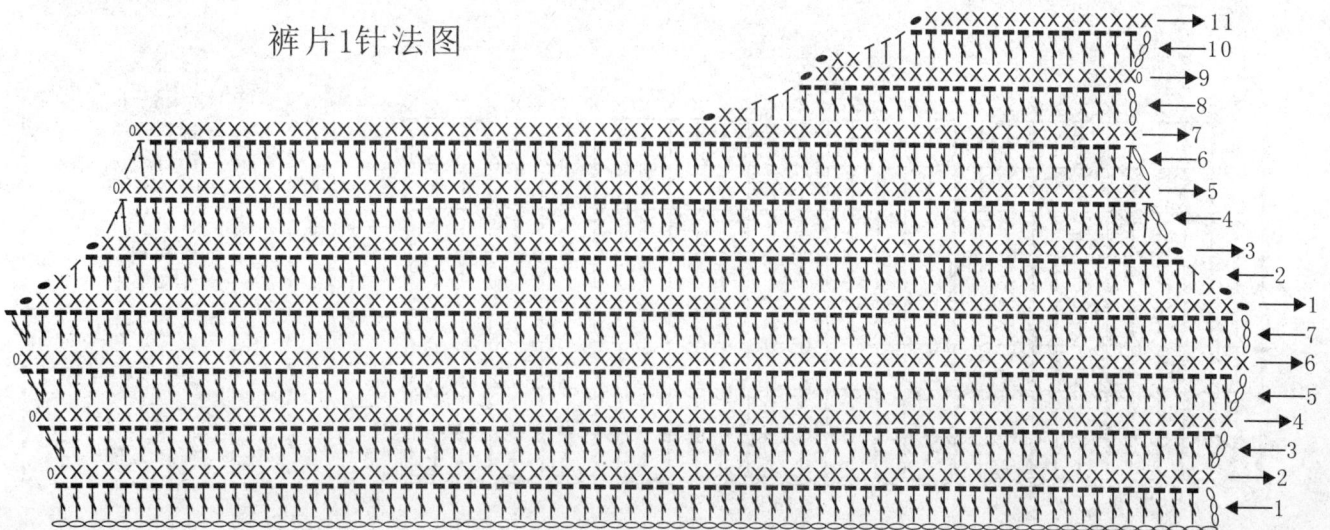

裤片2针法图

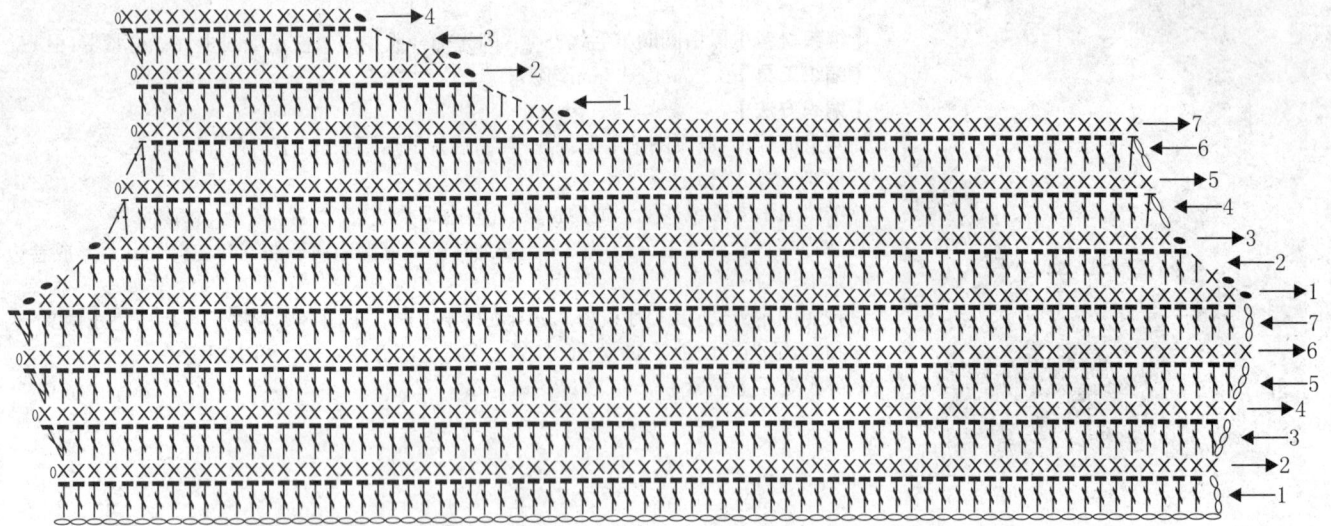

裤边

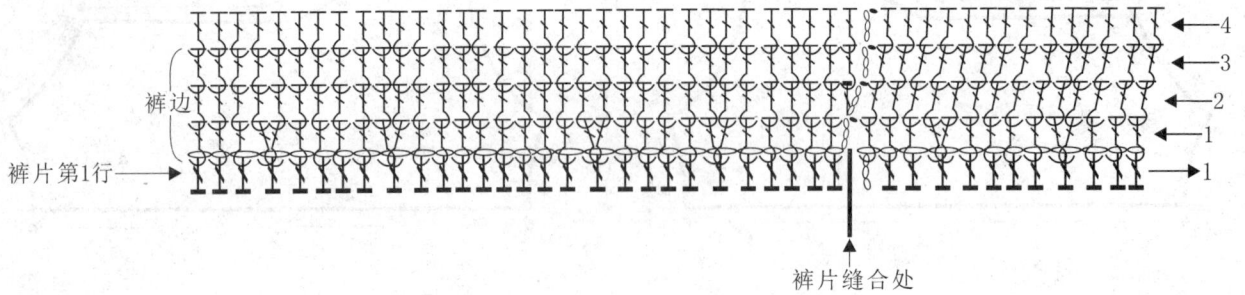

裤片第1行

裤片缝合处

裤腰

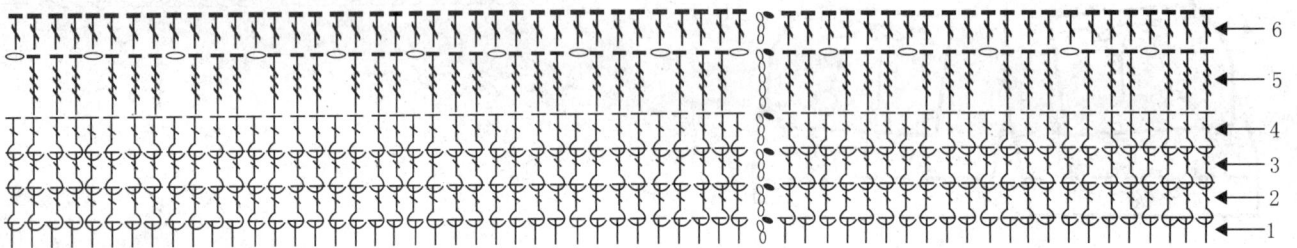

口袋

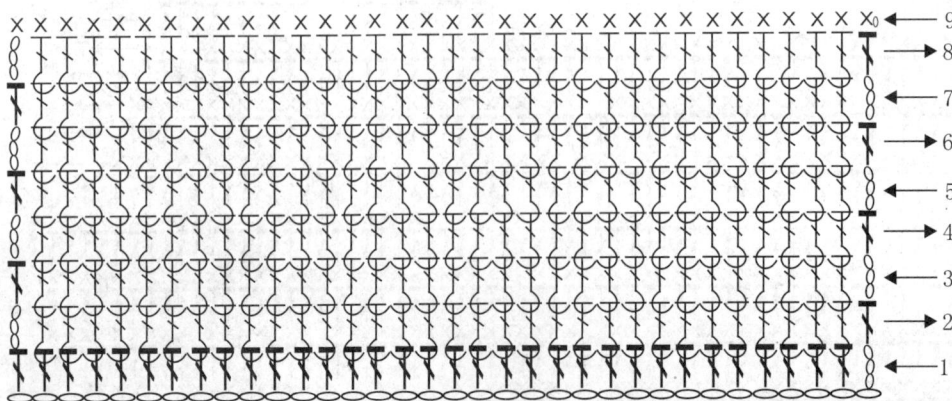

针法说明

- ○ = 锁针
- × = 短针
- T = 中长针
- ↑ = 长针
- • = 引拔针
- = 外钩长针
- = 内钩长针
- = 3次卷针的长针
- ∧ = 2长针并1针
- → = 编织方向

淑女礼帽

【编织材料】灰色硬棉线160g，红色线少许

【编织工具】4.0mm钩针

【成品规格】帽围：51cm　帽深：19cm

【编织方法】

1. 灰色硬棉线合3股编织，4.0mm钩针绕环起针法绕一个圆圈，在圆圈内编织6短针作为第1行，按照图示方法均匀加针至84针，织出帽顶部分，再均匀加针织出帽檐，最后1圈扭花针包边；

2. 用红色线起4~5针，织起伏针至所需长度，大约1m长，每行的第1针挑下不织（滑针），织好的红色带子系在帽子上作为装饰。

3. 扭花短针织法：按照短针的织法，从针目中插入钩针，钩出线，接着把钩针逆时针旋转一圈，使钩针上2个线圈扭转，钩针绕线，像织短针那样引拔出钩针上2个线圈，效果同逆短针。

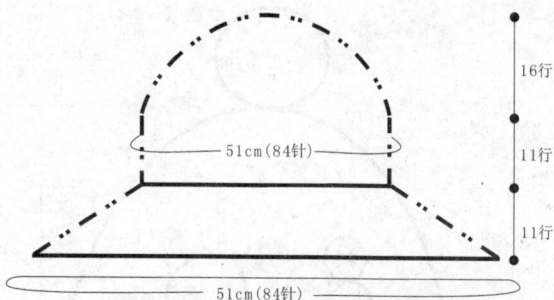

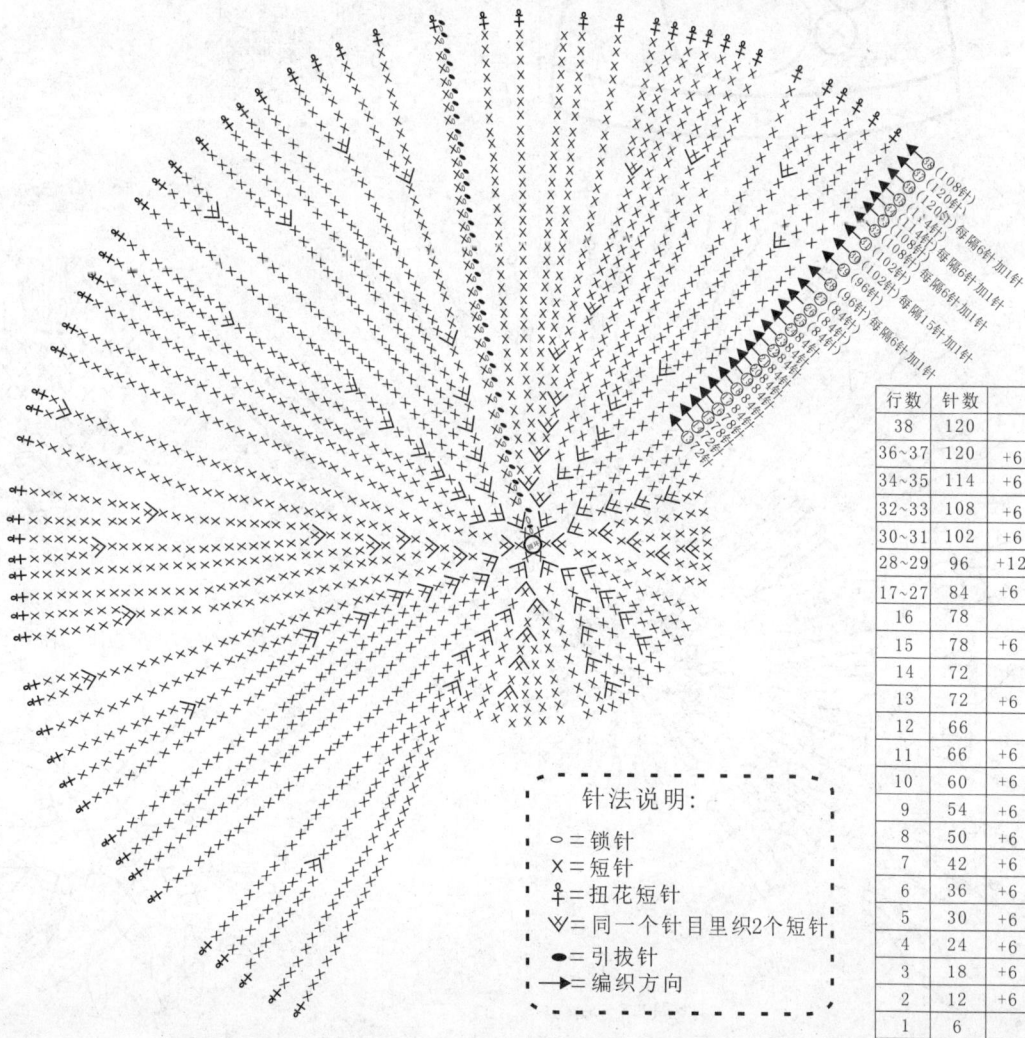

图示：

- 16行
- 51cm（84针）
- 11行
- 11行
- 51cm（84针）

针法说明：

- ○ = 锁针
- × = 短针
- ⚓ = 扭花短针
- ⅄ = 同一个针目里织2个短针
- ● = 引拔针
- ➤ = 编织方向

加针说明：
- (108针)
- (120针)
- (120针) 每隔6针加1针
- (114针)
- (108针) 每隔6针加1针
- (102针)
- (96针) 每隔15针加1针
- (84针) 每隔6针加1针
- (84针)

行数	针数	
38	120	
36~37	120	+6
34~35	114	+6
32~33	108	+6
30~31	102	+6
28~29	96	+12
17~27	84	+6
16	78	
15	78	+6
14	72	
13	72	+6
12	66	
11	66	+6
10	60	+6
9	54	+6
8	50	+6
7	42	+6
6	36	+6
5	30	+6
4	24	+6
3	18	+6
2	12	+6
1	6	

童心帽

【编织材料】姜黄宝宝棉线100g，白色线25g左右，其他颜色各少许

【编织工具】2.0mm、4.0mm、5.0mm钩针

【成品规格】帽围：52cm左右

【编织方法】

1. 帽子主体用姜黄色宝宝棉线，第1圈用4.0mm钩针起12长针，第2圈，每长针上钩2长针（24），第3圈，每长针上钩1外钩长针和1内钩长针（48），第4圈，外钩长针，长针，内钩长针，长针，如此反复（96针）第5圈，参照第4圈，长针上钩长针，外钩上钩外钩，内钩上钩内钩，第6圈到第18圈不再加减针，按照第5圈的规律来织。

2. 收边问题：第19圈收边时最好用小一号针收，如没有就用4.0mm的钩针，每隔3针减掉1针（5针变4针），第20、21圈不加减针数，最后第20圈再钩一圈扭花短针，用4.0mm针，松松地在所有内钩长针上钩扭花针来包边，外钩长针跳过。

3. 按照针法图分别钩织图示数目的心形装饰和彩色装饰，缝合在帽子适合位置。

4. 制作1个毛球，固定在帽子顶部。

白色绒球

黑色
粉色
草绿色
白色
玫粉色

18行

4行

针法说明

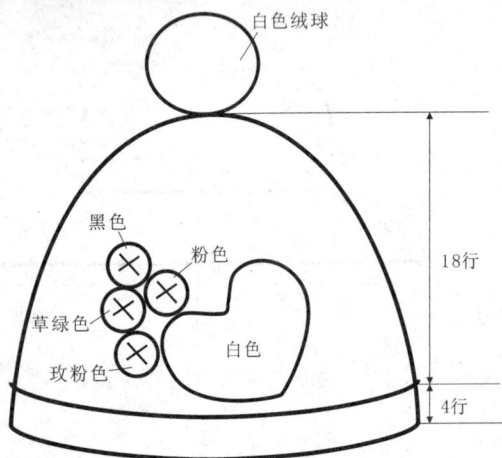

○ = 锁针
× = 短针
T = 中长针
↑ = 长针
ʃ = 外钩长针
ʅ = 内钩长针
• = 引拔针
⚹ = 扭花短针
⋎ = 1针里面织2个短针
Ω = 2中长针的枣形针
⋀ = 1针长针与1针
⤢ = 外钩长针并为1针
→ = 编织方向

帽子主体

⑩33针
⑪78针
⑪78针
⑩96针
⑩96针

玖针

心形装饰：（5.0mm钩针）

编织终点

编织起点

彩色装饰（2.0mm钩针，4种颜色各1片）

环

星星帽

【编织材料】羊毛线红色110g，白色和黑色各少许

【编织工具】2.0mm、4.0mm、5.0mm钩针

【成品规格】帽围：52cm左右

【编织方法】

1. 帽子主体用红色宝宝棉线，第1圈用4.0mm钩针起10长针，第2圈，每长针上钩2长针（20），第3圈，每长针上钩一外钩长针和一内钩长针（40），第4圈，外钩长针，枣针，内钩长针，枣针，如此反复（80针），第5圈，参照第4圈，枣针上钩枣针，外钩上钩外钩，内钩上钩内钩，第6圈到第18圈不再加减针，按照第5圈的规律来织。
2. 收边问题：最后第20圈再钩1圈扭花短针，用4.0mm钩针，松松地在所有内钩长针上钩扭花针来包边，外钩长针跳过。
3. 按照星星针法图分别钩织星形装饰，缝合在帽子适合位置。
4. 制作1个毛球，固定在帽子顶部。

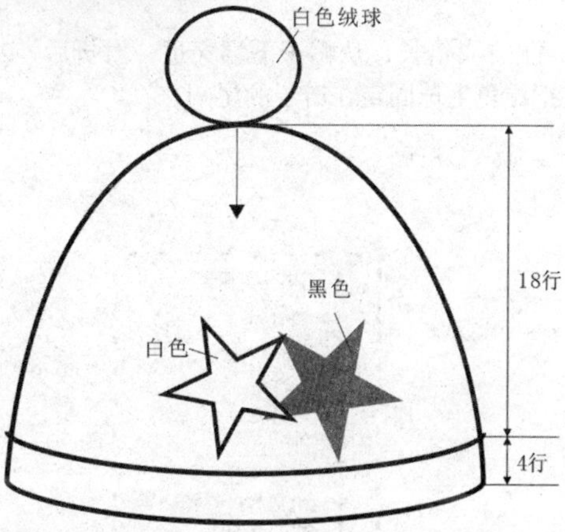
白色绒球
18行
黑色
白色
4行

星形装饰：(5.0mm钩针)

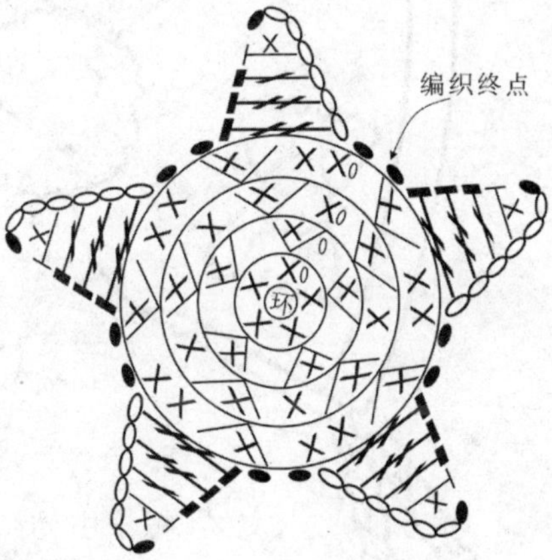
编织终点
环

帽子主体：

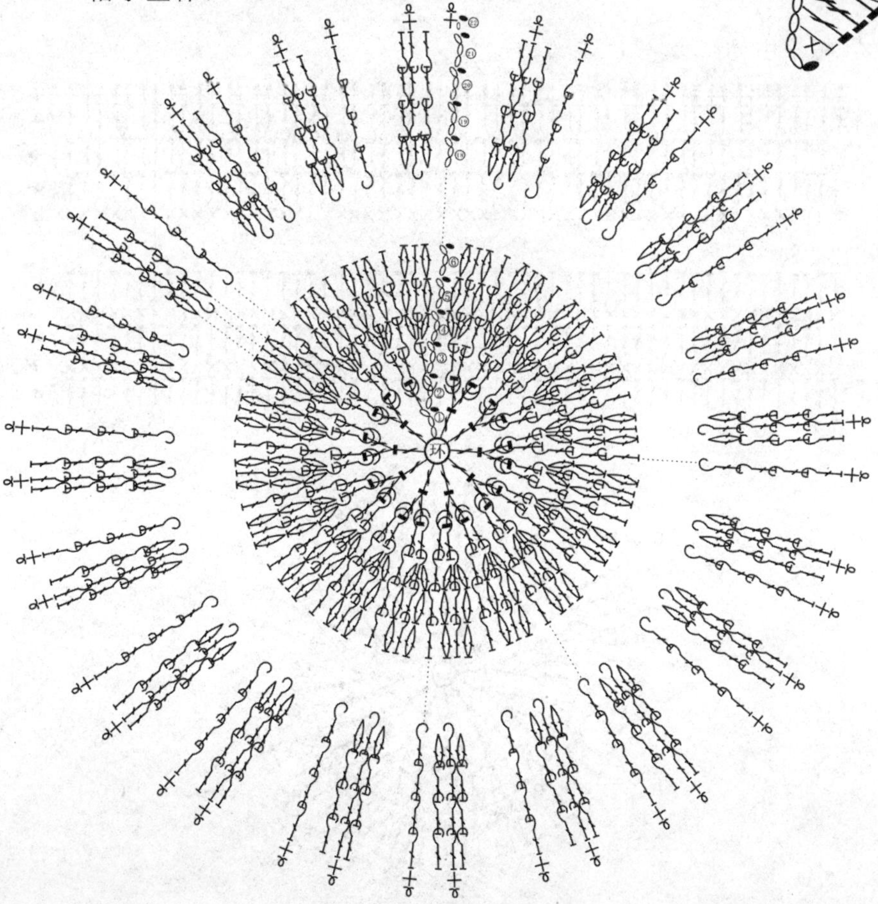

针法说明
- ○＝锁针
- ×＝短针
- T＝中长针
- ＝长针
- ＝长长针
- ＝外钩长针
- ＝内钩长针
- ●＝引拔针
- ＝扭花短针
- ＝1针里面织2个短针
- ＝2长针的枣形针
- →＝编织方向

撞色护耳帽

【编织材料】孔雀绿色棉线150g，玫红色兔毛50g

【编织工具】4.0mm、3.0mm钩针

【成品规格】帽围：52cm左右

【编织方法】

1. 帽子主体用孔雀绿色的棉线3股，第1圈用4.0mm钩针起12长针，第2圈，每长针上钩2长针（24针），第3圈，每隔1针长针织1次加针（48针），从开头的第1针算起，前面8针和最后8针不加针，按下面的图解钩花样，中间的32针每针变2针，一边加针一边要钩好3长针1外钩的花样，第5圈反面织短针，后面按照1行花样1行短针来往返钩，其中需要注意的是，从第8行开始分片钩，一直钩到合适长度（共20行）。

2. 收边：用3.0mm钩针，2股孔雀绿棉线钩1针外钩短针1针内钩短针，钩2行，第3行挂钩一行扭花短针。

3. 用玫红色线按照蝴蝶结针法图制作蝴蝶结装饰，缝合在帽子适合位置。

4. 制作1个直径9cm左右毛球，固定在帽子顶部，蝴蝶结上的毛球直径3.5cm，绿色的毛球7cm。

5. 带子留辫子长度的2.5~3倍长，从帽子下端穿过，对折后，2条合为1股辫辫子，长度够了用线系牢，把绿色毛球固定在辫子的尾端。

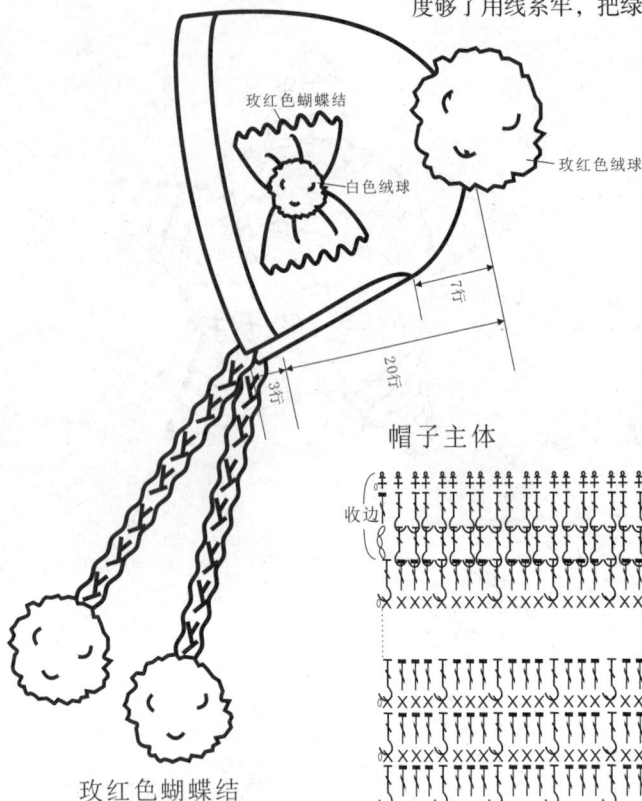

玫红色蝴蝶结 | 白色绒球 | 玫红色绒球

7行 | 20行 | 3行

针法说明

- ○ = 锁针
- × = 短针
- T = 中长针
- ↑ = 长针
- ⌇ = 外钩长针
- ⌇ = 内钩长针
- • = 引拔针
- ⚡ = 扭花短针
- → = 编织方向

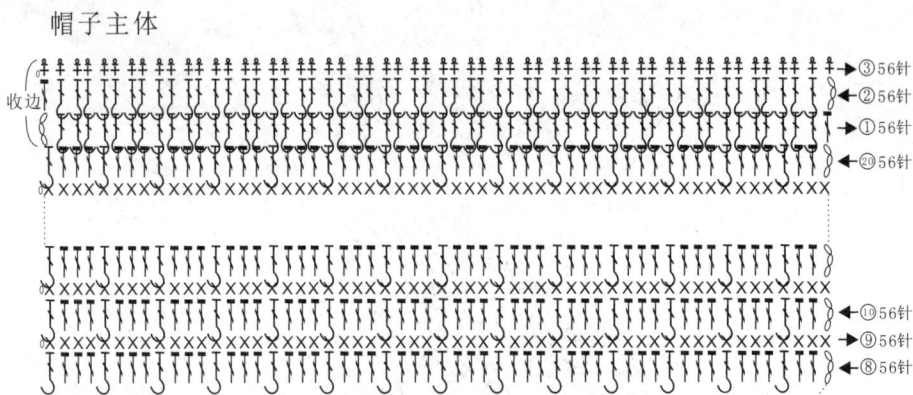

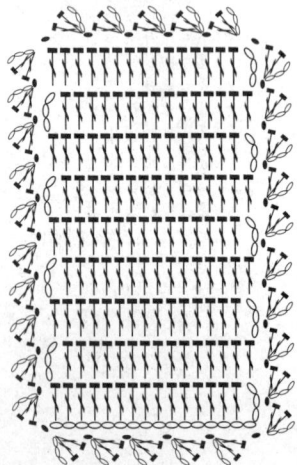

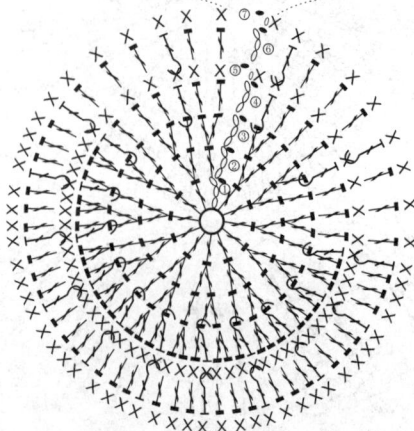

帽子主体

③56针
②56针
①56针
⑳56针

收边

⑮56针
⑨56针
⑧56针

玫红色蝴蝶结

玉米棒

【编织材料】红色羊毛混纺线130g，白色毛线少许
【编织工具】4.0mm、3.0mm钩针
【成品规格】宽：22cm×2cm　长：30cm左右
【编织方法】
1. 围脖：红色的线用4.0mm钩针锁48针起针，圈钩花样A，6针1花样，反复钩到合适长度后（66行），用扭花短针两层合并收边。
2. 牛角扣：按照图解钩织牛角扣半圆和绳子，缝在围脖的两端作为前开扣，半圆合绳子都是用3.0mm钩针钩织。

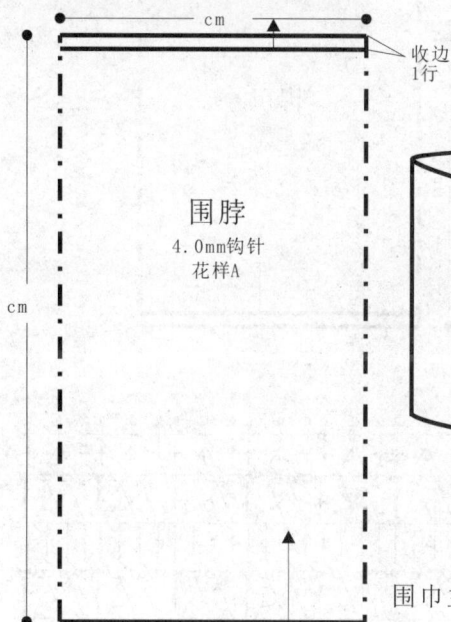

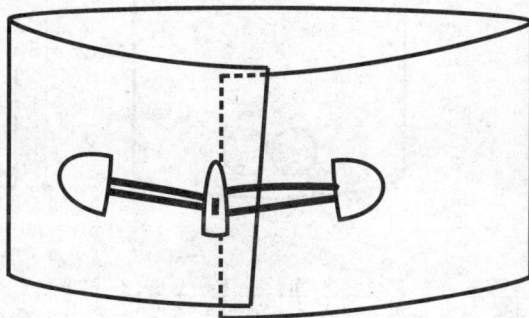

收边
1行

cm

cm

围脖
4.0mm钩针
花样A

牛角扣半圆形的织法

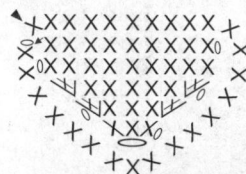

围巾主体花样A

针法说明
- ○ = 锁针
- ╳ = 短针
- ┰ = 长针
- ●— = 引拔针
- ♀ = 扭花短针
- ►— = 断线
- ⩊ = 1针里面织2个短针
- ⬬ = 5长针的爆米花针
- —► = 编织方向

收边

←66
←65

←5
←4
←3
←2
←1

6针1花样

围脖

【编织材料】织美绘丝绒线绿色100g，白色少许
【编织工具】3.5mm钩针
【成品规格】宽22cm×2，长30cm左右
【编织方法】

1. 用绿色毛线编织围巾，围巾花样是4针1个花样，起针数必须是4的倍数，按照围巾主体花样A编织花样至所需长度，且是以交叉长针结束，再继续织2行收边，第1行在反面钩外钩短针，钩的时候4针缩为3针，即每个花样去掉1针，然后在这行短针上钩1圈扭花短针。
2. 制作2个毛球，固定在围巾下端合适位置。
3. 扭花短针织法：按照短针的织法，从针目中插入钩针，钩出线，接着把钩针逆时针旋转一圈，使钩针上2个线圈扭转，钩针绕线，像织短针那样引拔处钩针上2个线圈，效果同逆短针。

针法说明

○ = 锁针
× = 短针
Ｔ = 长针
Ｔ = 外钩长针
Ｔ = 内钩长针
● = 引拔针
Ｔ = 扭花短针
Ａ = 2个内钩短针并为1针
= 左边2针长针与右边1针外钩长针交叉

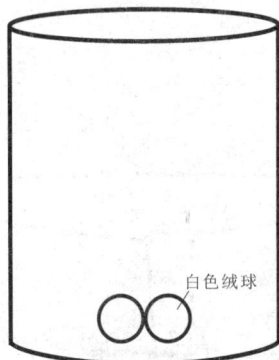

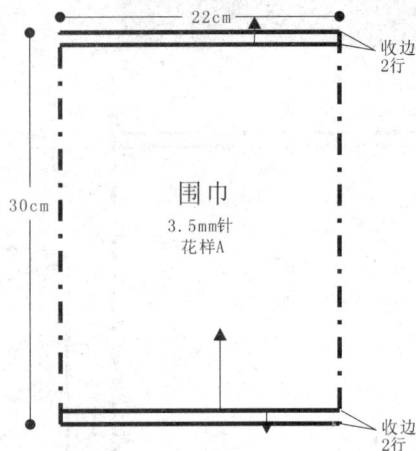

白色绒球

22cm
收边2行

围巾
3.5mm针
花样A

30cm

收边2行

围巾主体花样A

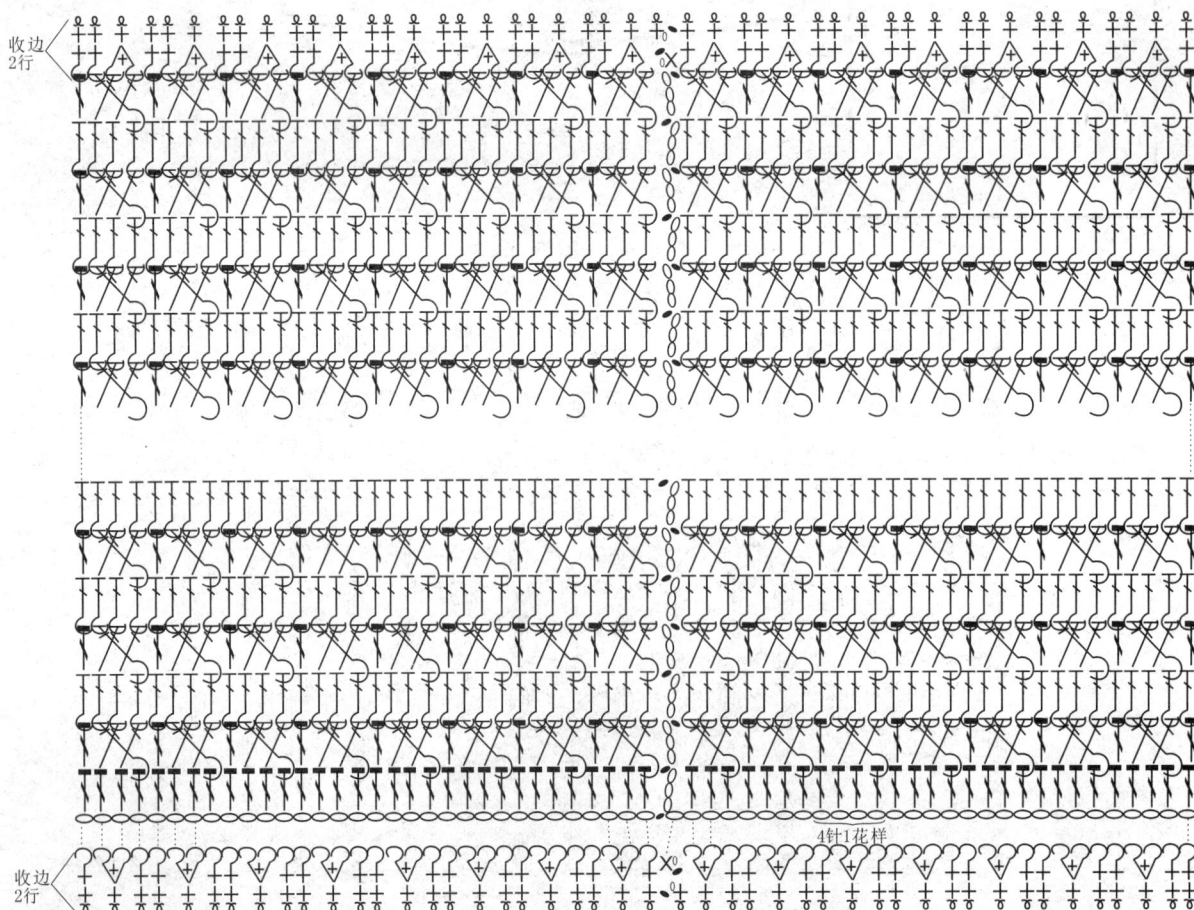

收边2行

4针1个花样

收边2行